우리 아이 첫 번째 습관 공부

우리 아이 첫 번째 습관 공부

초판 1쇄 발행 2023년 5월 25일

지은이 염희진, 조창연

펴낸이 조기흠
책임편집 박의성 / **기획편집** 이지은, 유지윤, 전세정
마케팅 정재훈, 박태규, 김선영, 홍태형, 임은희, 김예인 / **제작** 박성우, 김정우
디자인 커버인스토리

펴낸곳 한빛비즈(주) **주소** 서울시 서대문구 연희로2길 62 4층
전화 02-325-5506 **팩스** 02-326-1566
등록 2008년 1월 14일 제25100-2017-000062호

ISBN 979-11-5784-668-9 03590

이 책에 대한 의견이나 오탈자 및 잘못된 내용에 대한 수정 정보는 한빛비즈의 홈페이지나
이메일(hanbitbiz@hanbit.co.kr)로 알려주십시오. 잘못된 책은 구입하신 서점에서 교환해드립니다.
책값은 뒤표지에 표시되어 있습니다.

hanbitbiz.com **facebook.com/hanbitbiz** **post.naver.com/hanbit_biz**
youtube.com/한빛비즈 **instagram.com/hanbitbiz**

내 아이를 위한 미라클 모닝 아침 1시간의 기적

우리 아이 첫 번째 습관 공부

염희진
조창연 지음

HB 한빛비즈
Hanbit Biz, Inc.

아이는 부모의 뒷모습을 보고 자란다

할 엘로드의 《미라클 모닝》은 2016년 한국에서 출간되었다. 흥미로운 점은, 이 책이 국내 출간 이후 5년 만에 다시 베스트셀러가 되었다는 것이다. 역주행의 배경에는 젊은 세대들이 있었다. 코로나19 이후 자기계발을 통해 일상에서 자신을 되찾고 싶은 심리가 젊은 세대를 중심으로 일어났고, 그 출발점이 바로 일상을 시작하는 기상 시각을 조금 앞당기는 것이었다.

첫째가 학교에 갔을 무렵이었다. 우리 부부도 새벽 기상

열풍을 일으킨 이 책을 읽고 기상 시간을 당겼다. 아빠는 새벽 4시, 엄마는 새벽 5시. 업무와 육아에 치여 쫓기기만 했던 시간을 붙잡고 싶었다. 한 번도 끌고 가본 적 없이 끌려만 갔던 시간을 주도하고 싶었다.

절박한 마음에 시작했던 미라클 모닝을 통해 텅 비어가던 개인의 삶이 조금씩 채워졌다. 미라클 모닝의 가장 큰 수확은 '부모가 된 우리'에 대해 생각하게 됐다는 것이다. 부끄럽지만 그동안 자녀를 어떻게 키우고 행복한 가정을 꾸릴지 밑그림을 그려본 적이 없었다. 두 아이를 키우는 일 자체가 버거웠고, 정신을 차릴 수 없었다. 새벽에 일어나 나를 되돌아보면서 '자녀가 어떻게 컸으면 좋을지'가 아닌, '어떤 부모가 될지'를 고민하기 시작했다.

고민의 답은 멀리 있지 않았다. 부모가 먼저 행복하고 개인의 삶에서 만족하는 것이었다. 방법을 모른다고 생각했는데 우리 부모님의 삶에 기본적인 해법이 있었다. 항상 새벽에 일어나 주어진 삶을 꿋꿋하고 성실하게 일구는 모습이었다.

엄마의 친정아버지는 평생 새벽 4시에 산에 오르셨다. 막내딸인 엄마는 어릴 적부터 종종 아버지를 따라나섰다. 지금도 눈이 소복이 쌓인 날 아버지와 함께 오르던 어두운 산길을 생생히 기억난다. 졸린 눈을 비비며 새벽 산을 따라나선 것도 힘들었을 텐데, 어린 엄마는 짧은 두 다리로 아버지의 발자국을 부지런히 따라 걸었다.

지금 생각해보면 그 발자국 덕분에 엄한 돌부리에 걸려 넘어지지 않았고, 어둑한 새벽에 길을 잃지 않았던 것은 아닐까? 이 기억은 몸에 새겨져 엄마는 힘들 때마다 새벽 산을 찾는다.

결혼 후 10년 동안 빠짐없이 가계부를 쓴 것은 아빠 집안의 영향이 컸다. 지금도 아빠 부모님의 집 욕실 세면대에는 아래 부분을 호일로 감싼 비누가 놓여 있다. 비누가 물에 녹지 않도록, 조금이라도 더 오래 쓰기 위한 노하우인데 어느 순간부터 우리 집 세면대에도 호일로 감싼 비누가 놓여 있다.

영어 속담에는 이런 말이 있다.

"배우는 것보다 들킨 것이 더 많다."
More is caught than taught.

부모가 '가르친 것'보다 의도치 않게 '들킨 것'에서 아이들은 더 큰 영향을 받는다는 뜻이다. 아이들은 어깨 너머로, 곁눈질로, 알지 못하는 사이에 조금씩 부모의 삶을 배워나간다. 부모님께서 행동으로 보여주신 가르침은 우리 가족을 지탱하는 소중한 유산이 되었다. 부모님은 '행동'으로 가르쳐주셨고, 자식인 우리는 '곁눈질'로 배웠다. 그렇게 우리 아이들도 우리 부부의 삶을 곁눈질로 배워갈 것이다.

이 책은 자녀에게 좋은 습관을 물려주기 위한 평범한 부모의 고군분투기다. 우리는 여러 습관 가운데 새벽을 통해 하루를 주도해가는 '미라클 모닝'을 첫 번째로 물려주고 싶었다. 혹시라도 나중에 우리 아이들이 넘지 못할 벽에 부딪히거나 어둠 속에서 헤매게 되었을 때, 새벽에서 그 답을 찾을 수 있기를 바란다.

2부

온 가족이 함께한 미라클 모닝 습관 공부

_ 행동이 따르지 않는 말은 그저 지시에 불과하다

3부

아이에게 기다려지는 아침을 만들어주는 법

_ 취침 전 시간이 하루 가운데 가장 전쟁 같은 시간이었다

4부

공부 습관을 기르는 아이를 위한 미라클 모닝

_ 이 '시간 그릇'이 만들어지지 않으면 습관은 작심삼일처럼 들쭉날쭉해진다

미라클 모닝 300일의 기록

평소보다 30분 일찍 일어나보기
행복하고 뿌듯한 마음으로 함께 하루를 시작하기

말이 쉽지 결코 쉬운 일이 아니었다. 어른도 하기 힘든 일을 아이에게 기대하는 게 처음부터 무리였을지 모르겠다. 지금도 하루하루가 도전의 연속이다. 그래도 포기하지 않고 꾸준히 했다. 부모는 아이들보다 최소 두세 시간 먼저 일어나 하루를 깨웠다.

아이들에게 미라클 모닝이 자연스러운 습관으로 자리 잡기까지 약 1년간의 여정을 되짚어보았다.

[30일] 신문, 이게 뭔가요?

배달원이 신문을 떨어뜨리는 소리로 하루를 시작했던 어릴 적 경험을 되살려보고 싶었다. 아이들도 함께 이른 기상을 하기로 한 후 우리 가족이 먼저 한 일은 신문 구독하기였다. 신문기자였던 엄마가 종종 집으로 종이 신문을 가져왔기 때문일까. 아이들은 기대만큼 신기해하지는 않았다.

다만 매일매일 새로운 얼굴로 배달되는 신문의 1면 사진을 그냥 지나치지 않았다. 무심한 척 지나가더니 되돌아와 사진을 자세히 보기도 하고 기사 제목을 읽기도 한다.

[60일] 너희가 있어야 할 그곳

잠에서 깬 아이들은 거실로 나와 가장 먼저 소파에 앉았다. 그러다 해야 할 숙제가 있을 때는 식탁에서 앉았다가 아침을 먹고 등교했다. 어느새 식탁은 지우개 가루와 아침의 흔적이 뒤섞이며 용도가 불분명해졌다.

역할을 분명히 해야 한다는 생각이 들어 식탁에서는 밥만 먹기로 했다. 그리고 거실 한쪽에 손님용으로 쓰였던 작은 상을, 반대쪽에는 아이용 책상을 놓았다. 진득하게 앉아 있는 법이 없던 첫째의 엉덩이가 조금씩 무거워졌고, 둘째는 습관처럼 일어나자마자 거실 책상에 앉았다.

[100일] '원씽'을 정하다

책을 읽는 것도 좋고, 노래를 듣는 것도 좋다. 아침에는 하고 싶은 것을 하는 것이 가장 좋다. 다만 부모가 회사에서 늦게 퇴근하는 우리 집에서는 늦은 시간까지 숙제를 봐주거나 공부시키는 것을 막기 위해 아침에 일어나 학교 숙제나 중요한 과제를 하기로 했다.

아이와 상의한 끝에 신문을 읽은 후 국어 문제집을 정해진 분량만큼 풀기로 했다. 늦게 일어나 다른 학교 숙제를 해야 할 때는 못 풀기도 하지만, 뭔가를 정해 꾸준히 한다는 것만으로 대견하다.

아이는 하루의 일과를 시작하면서 작은 성공 경험을 하나씩 쌓고 있다.

[200일] 힘들지만 해야 하는 것

미라클 모닝이 습관이 됐다고 안주하는 순간, 반전은 찾아오기 마련이다. 제법 잘 일어나던 첫째가 10분만 더 자겠다며 떼를 쓰더니 그런 날이 하루 이틀 쌓여갔다. 조바심이 비집고 들어왔다. 한번 무너진 습관을 다시 잡으려면 처음부터 다시 시작해야 할 텐데…. 아이에게 실망하기도 하고 화를 내기도 했다. 하지만 중요한 것은 꺾이지 않는 마음!

습관은 모래성처럼 파도 한 번에 무너지지 않는다. 오히려 근육을 키우는 것과 같다. 한번 생긴 근육은 운동을 잠시 쉬었다고 해서 사라지지 않는다. 조금 약해졌을지라도 다시 운동을 하면 금세 단단해진다. 그렇게 몇 번의 시도와 포기, 쉼과 도전 끝에 우리의 몸과 마음도 다져진다고 믿는다.

[300일] 자연스럽게 신문을 집어 들다

둘째는 7시가 되면 부스스한 모습으로 거실로 나온다. 하루 이틀 늦게 일어날 때도 있지만 대부분 그렇다. 유치원 숙제인 영어 영상을 10분 정도 보고 따라 한다. 지루하지만 꼭 해야 하는 일이라는 것을 알고 있다.

첫째는 일찍 자는 날에는 일찍 일어나는 편이다. 제법 잘 일어나는 것 같았는데 해가 짧아진 겨울이 되면 기상 시각이 늦어지기도 했다.

그래도 괜찮다. 첫째는 이제 아침에 일어나 식탁에 신문을 펼쳐놓고 읽는 게 자연스러워졌다. 엄마와 하기로 약속한 국어 문제집 한 장을 풀고 기분 좋게 노래를 부르며 등교한다. 화장실에 들어간 둘째는 신문을 보며 볼일을 본다.

미라클 모닝이 가져다준 기적 같은 일상이다.

포기하기 않고 꾸준히!

1부

육아 전쟁의 한복판에서 만난 새벽의 기적

—

그래서 육아는 아이가 아닌
나를 기르는 과정이다

chapter 1

육아의 큰 기둥은 부모다

엄마치고 육아 프로그램인 <금쪽같은 내 새끼>의 열혈 시청자가 아닌 사람은 거의 없을 것이다. 나도 첫 회부터 빠짐없이 보고 있는 엄마 중 하나다. 초반에는 문제투성이 출연자들을 보면서 별 탈 없이 잘 크고 있는 우리 아이들에게 감사한 마음이 들었다. 육아가 힘들긴 해도 우리의 어려움이 저 정도는 아니라는 일종의 자기위안이었다.

회를 거듭할수록 시청 태도가 조금씩 달라졌다. 출연자의 모습에서 우리 아이는 물론 나의 모습을 보았기 때문이다.

'왜 이 엄마는 저런 상황에서 아이에게 상처를 주었을까?'

'왜 아빠는 나쁜 말을 했을까?'

'엄마 아빠는 아이들 앞에서 싸워야만 했을까?'

다른 사람의 상황이 안타까우면서 혹시 우리도 아이에게 저런 모습을 보여주지 않았을지 되돌아보게 됐다.

오은영 박사의 말처럼 부모는 아이에게 우주 같은 존재다. 그런 우주가 편안해야 아이는 살아갈 힘을 얻는다. 그런데 금쪽이에 나오는 사례를 보면 아이들의 우주는 불안함 그 자체다. 아이의 이상행동이 알고 보니 부모의 잘못된 육아 방식 때문인 경우가 많았다. 어떤 부모는 어릴 적 받은 상처를 고스란히 아이에게 대물림했다.아이의 타고난 예민함과 불안을 부모가 어떻게 다뤄야 할지 몰라 그대로 방치하기도 했다. 가장 안타까웠던 사례는 서로 싸우는 부모를 보며 불안과 무기력을 느끼는 아이들이었다.

그래서였을까? 요즘 들어 솔루션을 받아야 할 대상이 금쪽이가 아이가 아닌 부모로 바뀌기도 한다. 육아의 모든 책임을 부모에게 돌릴 수는 없다. 태어나면서 가지고 나오는 아이의 기질을 무시할 수 없고, 아이마다 부모의 영향을 받아들이는 정도도 다르다. 안 그래도 무겁고 힘든 부모의 어깨에 죄책감까지 얹어줄 필요는 없다.

그래도 기본 명제를 부정할 수 없다. '부모는 자녀에게 가장 큰 영향력 집단'이라는 사실 말이다. 자기계발서에 나오는 단골 주제처럼, 한 사람의 삶은 그 주변인들의 평균에 수렴한다. 여기서 부모는 가중치를 백배 부여해도 아깝지 않은, 가장 영향력이 큰 집단이다.

아이는 부모의 삶에도 영향을 끼친다. 육아는 부모의 약한 고리를 끊임없이 건드린다. 아이를 키우며 나도 몰랐던 내면의 상처나 잘못된 습관이 불쑥 튀어나오는 건 이 때문이다. 아이의 부족한 면에서 나의 단점을 발견하거나 몸과 마음이 힘들면 어김없이 아이에게 부정적 감정이 앞서 나간다. 아이를 키우면서 내가 이런 사람이었나 발견하고 깨닫는다. 그래서 육아는 아이(育兒)가 아닌 나(育我)를 기르는 과정이다.

아이가 태어나면 그때부터 부모의 삶도 시작된다. 아이가 다섯 살이면 부모인 나도 다섯 살이다. 그런데 자녀와 부모가 다른 점이 있다. 아이는 시간이 지날수록 저절로 자라지만 부모는 의식적으로 성장해야 한다. 아이가 열 살이 되었을 때 부모가 예닐곱 살에 멈춰 있지 않으려면 끊임없이 공부하고 반성하며 깨달은 것을 행동에 옮기려는 노력이 필요하다.

초등학교에 입학한 첫째가 집에서 온라인 수업을 받는 모습을 지켜본 적이 있다. 코로나19로 아이가 학교에 가지 못하는 날들이 많아지면서 재택근무하던 엄마와 보내는 시간이 많아진 덕이었다. 그런데, 아이는 선생님의 질문에 대답하는 걸 힘들어했다. 친구들 앞에서 입도 잘 열지 않았다.

병원에서는 '선택적 함구증'이란 진단을 내렸고, 그때부터 조바심이 나기 시작했다. 어릴 적부터 감정 표현이 서툴고 낯선 환경에 민감했던 엄마 탓은 아닌지 스스로가 원망스러웠다. 육아 도움을 받기 위해 친정으로, 시댁으로 환경을 자주 바꾼 것도 후회가 되었다.

무엇보다 어떻게 해결해야 할지 몰라 막막했다. 친구들을 사귀게 해주려 동네 엄마들과 친해져야 하나, 회사를 그만두고 아이를 매일 놀이터에 데리고 나가야 하나 고민이 됐다. 하지만 고민만 했을 뿐, 시간이 없다는 핑계로, 경제적·현실적 문제로 뭐 하나 제대로 실천해보지도 못했다.

한참을 지나 생각해보니, 이 문제의 정답은 '기다려주는 것'이었다. 아이가 새로운 환경에서 안정을 찾을 수 있도록, 불안감을 스스로 잠재울 수 있도록 부모로서 묵묵히 지켜봐주는 것.

그때 깨달았다.

'아이를 믿고 지지해주려면 부모 자신이 스스로에 대한 믿음이 있어야 하는구나!'

부모는 갈대처럼 타인의 말에 쉽게 휘둘리는 주변인이 아닌, 바위처럼 단단히 아이를 지키는 존재가 되어야 했다. 이를 위해 자신을 존중하는 마음인 자존감이란 토양이 부모의 내면에 깔려 있어야 한다.

자존감이라는 개념을 처음 세상에 알린 미국의 심리학자 너새니얼 브랜든은 《자존감의 여섯 기둥》에서 자존감에는 두 가지 요소가 있다고 말했다. '자기효능'이 내 삶을 스스로 통제할 수 있다는 느낌이라면 '자기존중'은 타인과 경쟁하거나 비교하지 않고 나의 삶과 행복이 보호받을 만한 가치가 있다는 확신이다.

아이에게 자존감을 심어주려면 부모가 먼저 자존감을 키워야 한다. 그 방법은 먼 곳에 있거나 어려운 일이 아니다. 부모의 내면을 단단하게 가꾸면 된다. 이를 위해 당장 큰돈과 오랜 시간을 들이지 않고, 그저 의지만 있다면 할 수 있는 일은 무엇일까? 부부의 새벽 기상은 좋은 부모가 되기 위한 건강한 토양을 만드는 일이었다. 아이에게 훌륭한 사람이 되라고 말하기 전에 부모가 먼저 좋은 사람이 되는 방법이었다. 부모의 자존감을 키울 수 있는 비교적 손쉬운 방법이었다.

이불을 박차고 일찍 일어나 하고 싶은 일을 하는 성공 경험을 반복하며 우리 부부는 각자의 삶을 주도적으로 살고 있다는 느낌을 받았다. 흘러가는 시간을 붙잡아 소중하게 대하다 보니 삶에 대해 존중의 마음이 생겼다. 그렇게 자존감이 단단해지니 아이를 있는 그대로 봐줄 수 있는 여유가 생겼다. 아이를 누군가와 비교하지 않고 아이만의 속도를 느긋하게 기다려줄 수 있게 되었다.

그래서 우리 부부는 '원팀'이 되어 미라클 모닝을 계속 해보기로 했다.

자존감이 중요한 까닭은
그것이 그저 기분을 좋게 해주기 때문이 아니다.
지혜롭고 적절하게 도전과 기회에 응답하여
더 나은 삶을 누릴 수 있게
해주기 때문이다.

_너새니얼 브랜든, 《자존감의 여섯 기둥》

새벽을 나만의 시공간으로 만드는 법

3말4초. 직장에서는 각종 업무가, 집에서는 양육의 부담이 거센 파도처럼 밀려오던 시기였다. 직급이 높아질수록 업무와 함께 책임져야 할 일이 늘었는데, 문제는 타이밍이었다.

첫째는 초등학교에 입학했지만 코로나19로 학교에 못 갔고, 둘째는 엄마 손길이 많이 필요한 네 살배기였다. 하루걸러 하는 야근과 저녁 약속들에 이리저리 치이던 어느 날, 유치원에서 보내준 소풍 사진을 보고 '아차' 싶었다.

'오늘이 숲 체험 날이었구나….'

둘째는 운동화를 신은 친구들 틈에서 혼자 샌들을 신고 있었다. 유치원 공지를 나만 깜박한 것이었다. 인생에서 뭐가 중요한지 모른 채 파도에 휩쓸려 허우적거리는 기분이었다. 한 시인이 쓴 시 구절처럼 '이렇게 살 수도 저렇게 죽을 수도 없었다.'

그 무렵 아들 둘을 키우는 워킹맘 친구가 동네 뒷산에 가자고 제안했다. 산 정상에서 소리치고 싶다는 생각에 덜컥 수락하긴 했는데, 궁금했다.

'대체 언제 산에 갈 수 있지?'

소리 지르려 새벽 산에 오른 엄마

워킹맘 둘이서 산에 갈 수 있는 시간은 주말 새벽뿐이었다. 해 뜨기 전이라 무서울 법도 했는데 엄마 둘은 거침이 없었다. 눈이 오나 비가 오나 서대문 안산의 메타세쿼이어 길을 묵묵히 걸었고 이글이글 떠오르는 아침 해의 기운을 온몸으로 맞았다. 나를 짓누르기만 했던 일과 육아라는 짐이 어느새 배낭에 넣고 다닐 만큼 가벼워지기 시작했다.

그렇게 주말 산행을 시작하며 새벽 시간을 '발견'했다.

존재하는 줄만 알았지 내 손으로 보고 만지고 즐긴 적이 없었으니 발견한 것이나 다름없었다.

40년 넘게 살면서 새벽은 한 번도 내 것이라 생각해본 적 없었다. 친정아버지가 평생 새벽 3~4시에 기상하는 것을 지켜봤지만 그뿐이었다. 7시 반에 일어나는 것도 벅차 허둥지둥 씻고 밥 먹을 새 없이 뛰어나가기 바빴던 출근길이었다. 숨 고를 새 없이 회사에 도착해 그날 신문을 체크하고 기사 준비하며 아침을 흘려보냈다. 그 후로는 오후 내내 마감에 끌려다녔다.

늘 시간이 부족했고 시간에 빚진 것처럼 쫓겨 다녔다. 아이들과 함께하는 시간이 절실했지만, 막상 그 시간이 주어지면 혼자만의 시간을 아쉬워했다.

그러던 내가 새벽 5시에 일어나기 시작했다. 매주 빠짐없이 새벽 산행을 해보니 거칠 것이 없었다. 이 시간에 쌓인 먼지를 털어내니 나만의 시공간이 생겼다.

방 한편에 조그만 내 공간을 만들었다. 명상과 독서, 운동을 하고 조간신문과 전날 방송 뉴스까지 보고 출근하니 일상에도 활기가 넘쳤다.

《미라클 모닝》에 나오는 말처럼 "새벽은 하루의 방향키"였다. 하루의 첫 1시간이 나머지 하루를 좌우했다.

3개월 정도는 뷔페를 즐기는 사람처럼 여러 습관을 시도했다. 동네 한 바퀴를 뛰거나 실내 자전거를 타기도 했고, 줌으로 트레이너와 만나 PT를 받았다. 팬데믹 이후 유튜브에는 혼자서 운동을 할 수 있는 홈트 영상들이 매우 많았다. 시간을 정해 책을 읽고 좋은 구절을 필사하며 단기적 목표를 써보는 확언 쓰기까지 주어진 3시간을 꽉 채웠다.

그러다 보니 오래 해보고 싶은 습관이 조금씩 추려졌다. 글쓰기를 시작으로 운동, 명상, 독서라는 굵직한 루틴이 생겼다. 매일 그날의 컨디션과 단기적 목표에 따라 각각의 루틴 분량을 조절했다. 책 원고 마감이 다가오면 글쓰기의 비중을 늘리고, 그렇지 않은 날에는 독서 시간을 늘리는 식이었다.

이런 과정을 통해 글쓰기는 나의 핵심 습관으로 자리 잡았다. 블로그에 글을 올리면서 새벽 기상 이야기로 책을 쓰기 시작했다. 책을 써보겠다는 생각은 예전부터 있었지만 시간이 없다는 핑계로 늘 뒷전이었다. 이제 그 핑계를 댈 수 없었다. 글을 쓰기 위한 최적의 시공간이 마련됐기 때문이었다.

그렇게 끼적거린 글을 모아 기획서를 출판사에 보내고 책이 나오기까지 걸린 시간은 불과 1년 남짓. 기자로 살면서 책을 써보겠다고 생각한 게 10년도 더 됐는데, 이 모든 것이 1년도 채 걸리지 않았다.

단순히 '책을 쓰고 싶다'가 아닌 '작가가 되고 싶다'는 큰 방향과 이유가 정해지니 모든 새벽 습관이 글쓰기 위주로 정돈되어갔다. 특히 일상에서 글 쓰는 체계를 만들어나간 게 새벽 기상의 큰 소득이었다. 특별한 일이 없으면 아침에 일어나 단 10분이라도 글을 썼다.

얼마나 잘 썼는지는 중요하지 않았다. 매일매일 꾸준히 조금이라도 쓰는 게 중요했다. 소설가 김훈이 반드시 하루 다섯 장의 원고를 쓰겠다는 뜻의 '필일오(必日五)'를 책상 앞에 붙인 것처럼, 나 또한 매일 한 단락이라도 쓰려고 노력했다.

글쓰기를 위한 땔감 모으는 일도 중요한 새벽 루틴이 되었다. 새벽은 땔감을 모을 수 있는 최적의 시간이었다. 명상을 하면서 생각을 정리하고 30분씩 시간을 정해 책을 읽었다. 그 후에는 글을 쓸 체력을 만들었다. 일어나자마자 팔굽혀펴기를 열 번 한 후 나만의 스트레칭 루틴과 플랭크를 5분 남짓 하면서 운동 루틴을 완성했다.

그렇게 새벽을 엄마를 위한 시공간으로 만들어냈다.

아이들은 재빨리

크레용을 가지고 와서 그리기 시작했습니다.

엄마는 힘차게 말했습니다.

"좋아, 나에게 맡겨!"

_사토 와키코, 《도깨비를 빨아버린 우리 엄마》

일상에 평화를 선물해준 새벽 첫 5분

'그래, 주말 부부 청산하고 함께 살아야겠다!'

아내 뱃속에 둘째가 생기고 나서 큰 결정을 내렸다. 결혼 후 아이가 하나였을 때까지 우리는 주말 부부였다. 서울 광화문과 경기도 동탄, 멀리 떨어진 부부의 직장이 결정적 이유였다.

주말 부부를 하며 회사 근처 원룸에 살던 나는 늦잠과 늦은 출퇴근이 반복되는 쳇바퀴 같은 삶을 살고 있었다. 출퇴근은 편하고 자유로웠지만 평생 가족과 떨어져 살 수는 없었다.

가족과 함께 살기로 결정한 후 그에 따른 대가로 출퇴근의 불편함을 감수해야 했다. 서울 북동쪽 끝 노원구에서 경기도 동탄 신도시까지, 왕복 3시간의 여정은 그렇게 시작되었다.

이사 후 처음으로 출근하던 날, 5분이라도 더 자보겠다는 마음으로 새벽 5시 45분에 알람을 맞춰 휴대전화를 거실에 두었다. 알람을 끄고 다시 잠이 들 나를 잘 알고 있었기 때문이다. 이때부터 '강제' 새벽 기상이 시작되었다.

2년 넘게 '강제' 새벽 기상을 이어가며 그럭저럭 적응해가던 어느 날이었다. 초등학교에 입학했지만 코로나19로 등교를 못 하던 첫째가 강아지를 키우고 싶다고 했다. 두 아이가 있는 맞벌이 가정에서, 비염에 아토피 질환을 앓던 첫째를 생각하면 강아지는 큰 부담이었다.

겨우 아들을 설득해 강아지를 포기하도록 했지만 금붕어라도 키우고 싶다는 바람은 뿌리칠 수 없었다. 수족관에 가서 작은 어항과 쉽게 키울 수 있는 금붕어 세 마리를 사왔다. 키워본 경험도, 관심도, 잘 키울 자신도 없었기 때문에 여과기 없이 작은 어항으로 시작했다. 대신 물을 매일 갈아줘야 한다는 판매직원의 말을 명심했다.

매일 새벽에 일어나 겨우 눈곱을 떼고 출근하고 퇴근 후 집에 오면 이미 늦은 밤인 내 일과에 느닷없이 '금붕어 어항 청소'라는 새로운 미션이 생겼다. 금붕어를 키우자는 말에 승낙하기는 했지만, 막상 어항 청소를 매일 하려니 이걸 언제 해야 할지 고민이 되었다.

처음에는 퇴근 후 아이들이 잠든 밤에 어항 청소를 했다. 하루 종일 회사 일에 치이고 먼 출퇴근길을 돌아온 나에게 너무나 버거운 미션이었다. 1~2주 정도 잘 하는가 싶더니 하루씩 빼먹기 시작했다. 늦게 퇴근하면 잊은 적도 있었지만, 알면서도 외면하는 빈도가 점차 늘어나고 있었다. 그것을 깨달은 순간 '바꿔야겠다'라고 생각했다.

결국, 10분 더 일찍 일어나기로 마음먹었다.

안 그래도 부족한 출근 준비 시간에 10분이라는 달콤한 잠을 포기하는 건 힘든 결정이었다. 하지만 아빠의 게으름으로 금붕어가 죽어 슬퍼할 아들의 모습을 상상하니 오기가 생겼다.

'어디 한번 해보자!'

그렇게 2주일 정도 지나니 차츰 적응됐고, 시간 절약을 위해 퇴근 후 미리 갈아줄 물을 받아 놓는 노하우까지 발휘하면서 5분 만에 미션을 마치는 데 성공했다.

이때부터 나의 인생이 바뀌기 시작했다.

어항 청소를 마치고 마주한 새벽 시간 5분은 너무나도 여유롭고 고요하며 평화로웠다. 당시 우리 집은 동향이었는데, 운명처럼 해가 떠오르기 시작했다. 일출의 배경이 비록 끝없는 수평선이나 수려한 산봉우리는 아니었지만, 도심의 건물들 사이로 올라오는 태양을 보고 있으니 말로 설명할 수 없는 뿌듯함이 밀려왔다. 거기에 반쯤 열린 창문으로 들어오는 시원하고 상쾌한 새벽 공기와 새들의 노랫소리까지…. 그야말로 완벽한 조합이었다.

첫 새벽 5분이란 시간을 발견한 그날, 무겁기만 했던 출근길이 그렇게 가벼울 수가 없었다.

그 무렵 읽기 시작한 《타이탄의 도구들》에는 '승리하는 아침을 만드는 다섯 가지 의식'이 나온다. 성공한 사람들의 공통적인 습관 다섯 가지를 정리한 것인데, 내용은 다음과 같이 간단하다.

① 잠자리 정리

② 명상

③ 한 동작을 5~10회 반복

④ 차 마시기

⑤ 아침 일기

엄청난 비법이 있을 줄 알았는데 고작 잠자리 정리, 명상이라니 실망감을 감출 수 없었다. 하지만 이 다섯 가지에 대한 내용을 모두 읽으면서 나도 모르게 의식의 변화가 생겼다.

가장 먼저 시작한 것이 명상이었다. 다섯 가지 의식 중에서 짧은 5분 동안 할 수 있는 것이 명상밖에 없었기 때문이다. 곧바로 유료 명상 애플리케이션 구독 서비스를 결제했다. 그러면서 호흡법과 내 몸에 힘을 빼는 법을 조금씩 배워갔다.

그렇게 나만의 아침 의식을 며칠 동안 해보니 '왜 진작 이렇게 하지 않았을까…' 하는 아쉬움이 들었다. "하루를 이겨놓고 시작한다"라는 말이 이런 것을 두고 하는 말이라는 것을 깨우쳤다. 스스로도 뿌듯하고 몸도 가벼웠다. 명상 외에 다른 도구들을 내 새벽 시간에 담아보려는 욕심이 생기면서 기상 시간은 차츰 당겨졌다.

추구하는 것에만 집착하면
현재 갖고 있는 걸 잃는다.
반대로 현재 갖고 있는 것에 감사하면
마침내 추구하는 것을 얻게 된다.

__팀 페리스, 《타이탄의 도구들》

chapter 4

아이는 반드시 신호를 보내온다

어미 닭이 알을 품어 병아리가 세상에 나오기까지 약 3주(21일)의 시간이 걸린다. 알 속 병아리가 신호를 보내는 시기는 이보다 3일 전쯤이다. 이 무렵 병아리는 세상으로 나오기 위해 알의 껍데기를 쪼기 시작한다.

물론 병아리는 혼자 힘으로 알을 깰 수 없다. 그 신호를 알아챈 어미 닭의 개입과 도움이 필요하다. 귀를 쫑긋 세우고 새끼가 보내는 신호를 간파한 어미 닭은 새끼가 안에서 쪼고 있는 껍데기의 지점을 찾아 밖에서 쪼아준다. 그렇게 병아리는 알을 깨고 세상으로 나온다.

줄탁동시(啐啄同時)는 병아리가 안에서 쪼아대는 줄(啐)과 어미 닭이 함께 쪼는 탁(啄)이 동시에 이뤄져야 병아리가 알에서 깨어난다는 뜻이다. 이 말에는 육아의 여러 원리가 담겨 있다.

첫째, '타이밍'이다.

병아리의 신호를 본능적으로 알아채는 어미 닭처럼 부모에게도 아이가 도움이 필요한 시기를 알아차리는 감각과 기다림이 필요하다.

아이가 다섯 살이 되자 누구는 네 살에 한글을 뗐고 누구는 벌써 글씨를 쓴다는 이야기가 들렸다. 처음에는 나도 욕심이 나서 네 살배기 아이를 붙잡고 한글을 가르치려 했다. 지나고 보니 소용없는 일이었다. 한글을 배우는 시기가 됐다는 신호는 아이가 보내기 때문이다. 아이가 책을 읽다가 한 글자 한 글자 손을 짚으며 따라 읽거나, 지나가는 간판에 관심을 보이기 시작하면 그때가 엄마가 도움을 줘야 하는 타이밍이다.

둘째, 부족하지도 넘치지도 않은 '적절한 도움'이다.

알 속 병아리가 쪼는 지점과 어미 닭이 쪼는 지점이 일치해야 껍데기가 깨지듯이 도움의 '번지수'를 잘 찾아야 한다.

도움의 정도도 중요하다. 필요 이상의 도움은 아이의 성장에 도움이 되지 않는다. 알 속 병아리가 쪼는 것을 보고 사람이 개입해 껍데기를 깨어주면 그 병아리는 결코 오래 살 수 없듯이 말이다.

지인 중에 사업을 하는 아들이 어느 날 부모를 찾아왔다고 한다. 사업을 시작하면서 경제적으로 손 벌린 적 없던 아들이었다. 그런 아들이 절박한 상황에서 한 번만 도와달라고 부탁하자 엄마는 그것을 뿌리칠 수 없었다. 그는 "엉덩이 한번 밀어주면 정상에 올라갈 것 같다"며 남편을 설득해 경제적 지원을 결정했다. 결국 부모의 딱 알맞은 도움으로 아들은 사업에서 두각을 나타낼 수 있었다.

세상을 살면서 누가 엉덩이 한번 밀어줬으면 하는 때가 있다. 고지가 보이는데 뒷심이 부족해 앞으로 못 나갈 때 이런 마음이 절실해진다. 만약 그가 처음부터 아들의 사업 자금을 지원해줬더라면 어땠을까? 아들에게는 절박한 마음과 감사하는 마음이 생기지 않았을 수도 있다. 하지만 묵묵히 지켜보다가 도움이 가장 필요할 때 알맞은 도움으로 아들은 부모에게 더 감사한 마음을 갖게 되었을 것이다.

부모와 자녀가 함께 습관을 만들어가는 것은 우리에게 줄

탁동시와 같은 일이었다. 아이들은 여전히 일찍 일어나는 게 어렵다. 나 또한 하루아침에 아이들이 좋은 습관을 가질 수 있다고 믿지 않는다. 매일매일 같은 루틴을 도돌이표처럼 반복하는 것은 대단히 지루한 일이다. 그래도 이 지루함을 견디면 아이들은 더 큰 원을 그려나갈 수 있다는 걸 나는 알고 있다.

인내와 여유를 가지고 부모가 알을 품다 보면 아이는 미약한 힘을 키워 세상을 뚫고 나오려 할 것이다. 그때 부모가 아이의 도전을 응원하고 함께 길을 걷는다면 아이는 부모의 생각보다 저만치 멀리 가 있을 것이다.

역경은 죽기살기로 노력하고
인내하도록 등을 떠밀고,
다른 때 같으면 잠자코 있었을
재능과 능력을 일깨워주는 최고의 동반자이다.

__새뮤얼 스마일즈

아이에게 좋은 습관을 '증여'하라

대학생 시절 디지털카메라가 급속도로 보급되던 시기에 홀로 돋보이고 싶었던 것일지 모르겠지만, 필름(아날로그) 사진의 매력에 빠진 적이 있다. 중고 시장에서 필름 카메라를 구입해 사진을 찍고 다녔다. 여기에 깊게 빠져들어 관련 동호회 활동을 시작했고, 자연스럽게 사진 전시회에도 다녔다.

그 무렵 알게 된 유명 사진작가의 이름이 있었으니, 바로 20세기를 대표하는 사진작가인 앙리 카르티에 브레송이었다.

그는 어떻게 이 분야에서 세계 최고가 될 수 있었을까? 그의 작품은 한 컷, 한순간을 찍기 위해 하루 24시간을 기다린 것으로 유명했으며 사진전에는 '결정적 순간(The Decisive Moment)'이라는 이름이 붙었다. 그렇게 그의 작품에 빠져들게 될 즈음, 어떻게 브레송이 최고의 사진작가가 되었는지 이유를 들을 수 있었다.

남들과는 차원이 다른 천재성을 소유했기 때문이라고 막연히 생각했는데 결과는 의외였다. 브레송은 최고의 작품만을 찍어서 유명해진 것이 아니라, 누구보다 사진을 많이 찍었기 때문에 최고가 될 수 있었다는 것이다. 매일 찍고 또 찍는 것이 그를 최고의 경지에 올려놓았다.

《아주 작은 습관의 힘》이라는 책에서도 비슷한 사례가 등장한다. 한 대학에서 학생들을 질적 집단과 양적 집단이라는 두 그룹으로 나누어 사진을 평가했다. 질적 집단은 가장 잘 찍은 작품 사진 단 1점으로만, 양적 집단은 작품의 수준과 상관없이 제출한 작품의 개수로만 평가받았다. 결과는 놀랍고 흥미로웠다. 작품 수준이 높은 최고의 작품들이 질적 집단이 아닌 양적 집단에서 모두 나온 것이다.

창의성의 원천은 무엇일까?

창의성은 노력보다 천재성에서 나온다고 생각했다. 쳇바퀴와 같이 반복되는 갑갑한 삶에서 벗어나, 본능이 이끄는 대로 이루어지는 즉흥적인 활동이 창조의 원천이라고 믿어왔다. 이제야 생각해보니 딱히 근거는 없었다. 오히려 예술가에 대한 선입견에 가까웠다.

이런 잘못된 믿음에 갇혀 나 역시 그런 삶을 추구했고, 헛된 믿음의 보호망 아래에서 마음껏 게으름을 피웠다. 돌이켜 생각해보니 규칙적인 삶을 유지할 용기가 없었다. 또 게을러도 괜찮다는 면죄부를 스스로에게 주었던 것 같다. 그런 나에게 브레송이 최고가 된 비결은 스스로를 돌아보게 되는 계기가 되었다.

미국의 무용가 트와일라 타프에게도 일흔이 넘은 나이까지 매일 지키는 루틴이 있다. 바로 새벽에 일어나 택시를 호출하는 것이다. 컨디션이 좋지 않은 날이나 일어나기 싫은 날에도 마치 자동반사처럼 무조건 택시부터 불렀다. 강제할 수 있는 장치를 만들어두어야 운동을 할 수밖에 없다는 게 그의 생각이었다.

이렇게 하루하루가 쌓여 습관이 되었고, 그는 이러한 습관의 힘으로 2003년 미국 연극계에서 가장 권위 있는 토니상을 수상했다. 멈추지 않는 창조의 원천에 대해 그는 매일 아침 시작되는 자신만의 의식을 멈추지 않았기 때문이라고 말했다. 그에게 습관은 곧 택시를 부르는 일이었다.

인공지능과 로봇이 우리의 삶을 침투하기 시작하면서 우리는 일자리를 위협받는 변곡점에 서 있다. 그러면서 오직 사람만이 가질 수 있는 독특함, 즉 창의성이 더욱 주목받고 있다.

부모의 대부분은 자녀를 고유하게 키우고 싶어 한다. 우리 아이들을 창의적이고 남들과 다른 특별한 아이로 키우고 싶어 한다. 하지만 아이가 특정 분야에서 천재성이 보이지 않는다고 해서 일찌감치 포기하는 일이 없길 바란다.

브레송과 타프처럼 단순하게, 아주 작은 습관부터 몸에 익히는 법을 배우는 것이 그 시작이 될 수 있다.

자녀에게 줄 수 있는 최고의 증여

습관은 창의성의 원천이자, 무엇인가 끝까지 해내는 근성을 보여주는 원동력이다. 또 삶에서 겪게 될 역경과 고난을 이겨내는 데 좋은 버팀목이 되어준다.

우리 부부는 40대에 들어서야 습관의 소중함을 깨닫고 스스로를 담금질하기 시작했다. 물론 쉽지만은 않았다.

무엇보다 관성처럼 누적되어온 습관을 바꾸는 게 가장 어려웠다. 질주하는 대형 트럭의 방향을 갑자기 바꾸는 것처럼 새로운 습관을 만드는 데에는 끈질긴 노력과 긴 시간이 필요했다. 꾸준한 습관이 우리 삶에 유익한 것을 알았지만 머리로 아는 것과 몸소 실천하는 것에는 차이가 있었다.

자연스럽게 우리의 관심은 아이들에게로 향했다. 우리처럼 아이들도 자신도 모르게 어떤 습관을 갖고 자란다면 나중에 어떻게 성장할지 생각해보게 되었다.

부모들은 한 방향으로 속도가 붙어 방향을 바꾸기 어렵지만, 아이들은 어디로든 갈 수 있는 상태에 있다. 방향을 정해 움직이고 있다 하더라도 부모보다 쉽게 멈출 수 있고, 바꿀 수 있다고 생각했다. 한 살이라도 어린 지금이 '골든 타임'이었다. 오늘이 가장 젊은 날인 것처럼 말이다.

그러면서 우리는 부모에게 어떤 습관을 물려받았는지 되돌아보게 됐다. 아빠는 이렇다 할 습관을 쌓아본 적이 없는 것 같다. 어릴 적 책을 잘 읽지도 않았고, 이불을 잘 개지 않았다. 늘 이부자리가 펴져 있어 방바닥을 침대처럼 사용했다.

그래도 절약하는 습관만큼은 부모님께 고스란히 물려받았다. 교사이신 아버지와 전업주부인 어머니는 적극적인 투자로 부를 불리지는 못했지만, 절약 정신만큼은 누구보다 뛰어나셨다. 어릴 적 생활 속에서 자연스럽게 체득한 부모님의 절약 마인드는 자신도 모르게 몸에도 새겨졌다. 가까운 거리는 걸어 다니고, 비싼 것보다 자신에게 필요한 것에 소비했다. 어릴 적 어머니가 가계부를 쓸 때 옆에서 구경하던 기억이 있는데, 그 때문인지 모르겠지만 결혼 후 현재까지 우리 가계의 수입과 지출을 기록하며 자산을 관리하고 있다.

코로나 이후 자산 가격이 폭등하며 사람들의 관심이 각종 자산 시장에 쏠렸다. 그러면서 부동산, 주식, 가상자산 시장 등으로 큰돈이 몰려들었다. 당시 부동산 시장에는 양도세, 보유세, 종부세 등 각종 세금 부담으로 상당수가 양도 대신 증여를 선택했다. 주식 시장에선 공모주 돌풍에 힘입어 나이를 불문하고 할아버지, 할머니부터 갓난아이까지 온 가족이 주식 계좌를 갖게 되었다. 자연스럽게 자녀 주식 계좌를 만들어 주식으로 증여하는 사람도 많이 생기게 되었다.

우리 부부 역시 그즈음에 아이들에게 증여를 했다. 은행에서 계좌를 개설, 송금 후 증여 신고까지 모든 절차를 마무리하고 나니 문득 이런 생각이 들었다. 부모가 아무리 증여를 많이 해주고 자산을 크게 불려준다 해도, 나중에 성인이 된 내 자식이 경제 지식도 없고 생활 습관도 엉망이어서 흥청망청 돈을 쓴다면 과연 이 증여와 노력이 무슨 의미가 있을까.

증여를 통해 돈을 비롯한 자산을 물려주는 것도 중요하지만, 건강하고 제대로 된 '습관'을 물려주는 것이야말로 최고의 증여라고 생각한다.

평생 삶의 결정적 순간을 찍으려

발버둥쳤으나 삶의 모든 순간이 결정적 순간이었다.

__앙리 카르티에 브레송

나는 소리 지르는 엄마였다

샤우팅이 아닌 호흡하기

나는 소리 지르는 엄마였다. 둘째가 태어난 후 양육 부담이 두 배가 되면서 아이가 내 마음대로 되지 않는 일이 많아졌다. 그럴 때마다 나도 모르게 언성이 높아졌다.
정말 화가 나서 소리를 지르는 게 아닌, 아이들에게 '엄마가 이 정도로 화났어'라는 걸 보여주기 위해 소리를 질렀다. 밖에서는 차분한 사람인데 집에서의 모습은 정반대이니 죄책감과 자괴감이 쌓여갔다. 그냥 웃으며 지나칠 일도 기분이 안 좋은 날에는 정색하며 화를 내니 아이들도 헷갈리는 것 같았다.

새벽 기상을 통해 명상을 꾸준히 했다. '마음의 청소', '마음의 목욕' 등 많은 비유가 있지만, 내게 명상은 마음의 근육을 조금씩 단련시키는 일이었다. 명상은 들숨과 날숨을 의식하며, 머릿속을 비집고 들어오는 생각들을 바라보고, 호흡을 통해 날려

보내는 연습이었다.

명상 애플리케이션 캄(Calm)을 활용한 새벽 마음 운동을 매일 10분씩 통장에 적금 붓듯이 이어갔다. 가부좌를 틀고 하는 명상이 지겨워질 무렵, 명상 앱을 이어폰으로 들으며 출근길에 하는 명상도 큰 도움이 됐다. 마음 근육 훈련은 때와 장소에 구애를 받지 않았다.

어느 순간부터 아이들에게 화가 날 때마다 나도 모르게 크게 숨을 들이마시고 뱉으며 순간의 감정을 조절하기 시작했다. 그 몇 초간의 호흡 연습이 휘몰아친 나의 감정을 순식간에 진정시킬 줄은 미처 몰랐다. 호흡의 마법을 몇 차례 깨닫게 되면서 엄마의 샤우팅 소리는 우리 집에서 조금씩 자취를 감추기 시작했다.

부부의 새벽 대화

우리 부부의 대화는 주로 카카오톡을 통해 이뤄졌다. 결혼 초 둘의 직장이 떨어진 탓에 주말 부부를 하게 됐고, 다시 함께 살게 된 이후에도 얼굴 보는 시간은 평일 1시간 남짓이었다. 둘 다 말수가 적은 편이라 문자 위주의 대화는 여러모로 편리하고 효율적이었다. 하지만 문자 위주의 소통은 불필요한 오해를 불러오기도 했다.

남편이 먼저, 그리고 아내인 내가 새벽에 일어나기 시작하면서 일어난 가장 큰 변화는 부부의 대화 시간이 많아졌다는 점이다. 이른 새벽 식탁에 부부가 마주 앉으면 누구라도 자연스럽게 대화를 나눌 수밖에 없다. 지금 읽고 있는 책 이야기, 아이들과 있었던 일, 회사에서 있었던 일, 일과 미래에 대한 고민 등 온라인으로 나누던 대화가 자연스럽게 식탁으로 옮겨졌다.

서로 자는 모습만 보고 하루를 시작했던 부부는 생기 있는 상대방의 모습을 지켜보면서 건강한 자극을 주고받았다. 남편이 달리기를 하고 기분 좋게 들어오면 아내는 얼마 후 달리기를 시작했다. 아내가 중고서점에서 책을 잔뜩 사다 놓으면 남편은 인상 깊게 읽은 책 구절을 포스트잇에 적어 붙여 놓았다. 육아에 대한 고민을 나누면서 남편은 한 번도 읽지 않았던 육아 서적을 읽기 시작했다. 그렇게 함께 읽은 책들이 책장 한편에 쌓여가자 부부의 대화 주제도 점점 풍성해졌다.

목적과 꿈이 있는 삶

글쓰기는 언제나 '아픈 손가락'이었다. 20년 가까이 기자로, 보도국 데스크로 글을 쓰고 다듬는 일을 했지만 글쓰기는 언제나 자신이 없었다. 잘하고 싶은데 못해서 속상하고, 그러면서도 더 잘하고 싶은 마음이 들게 하는 것…. 바로 글쓰기였다.
이글이글 떠오르는 해를 거실 소파에 앉아 보고 있으면 별생각이 다 들었다.
'나는 저렇게 뜨겁게 타오른 적이 있었나….'
'앞으로 무슨 일을 하며 여생을 뜨겁게 태워야 하나….'
그러다 문득 이런 생각이 들었다.

'내가 가장 오랫동안 해온 일, 그것만큼 잘할 수 있는 일이 있을까?'

글쓰기를 나의 무기로 만들어보자는 자신감이 생겼다. 평생 글을 쓰는 작가가 되고 싶다는 분명한 목적이 정해지면서 모든 습관에 우선순위와 체계가 생겼다. 운동을 하는 이유는 글을 쓰기 위한 엉덩이 힘을 기르기 위해서였고, 독서와 명상 모두 마찬가지였다.

작가가 되고 싶은 꿈이 생기자 업무를 대하는 자세도 달라졌다. 근무 시간이 길고 일의 강도가 높은 탓에 일은 늘 힘들고 버거웠다. 곰곰이 생각해보니 내 업무 자체가 글 쓰고 고치는 일이었다. 매일 저녁 메인 뉴스의 경제 기사를 쓰는 것만큼 훌륭한 글쓰기 훈련이 있을까? 부담이 아닌 아무나 누릴 수 없는 소중한 기회로 생각하자 무겁기만 했던 출근길 발걸음이 조금씩 가벼워졌다.

인생에 대한 책임감

새벽 기상을 하면서 독서, 명상, 운동 등 기본 루틴 외에 저녁에도 빠짐없이 하는 루틴이 생겼다. 바로 10분 청소다. 퇴근 후 샤워를 하기 전 10분만 투자해 집을 정리하고 바닥에 쌓인 먼지를 밀대로 미는 것이다. 하다 보니 집 안이 깨끗해지는 것은 물론, 머릿속이 정리되는 느낌이 들었다.

매일 마감에 쫓기며 예측 불가능하게 터지는 사건들을 접하다 보니 정신적 피로가 쌓여갔다. 내가 하는 일이 계획대로 되지 않는다는 사실이 서서히 나를 지치게 했다. 매번 여기저기서 터지는 사건들을 정신없이 수습하다 끝나는 기분이었다. 기사라는 성과물이 남았지만, 뿌듯함보다 무기력함과 피곤함의 반복이었다.

10분 청소는 예측 불가능한 삶 속에서 느끼는 무력감과 정신적 피곤함을 조금씩 잠재워줬다. 청소라는 행위를 통해 주어진 공간만큼 내 손으로 깨끗하게 만들 수 있었다. 무엇보다 자기 주도적인 청소 작업을 통해 집이 깨끗해지는 시각적 성과물이 있었다.

10분 청소는 하루의 끝을 책임지는 나만의 방식이 되었다. 살림을 봐주는 친정엄마나 늦게 들어오는 남편에게 청소를 기대거나 미루지 않고 내 구역은 내가 맡는다는 책임감이 생기기 시작했다.
살림과 육아를 친정엄마에게 맡기는 워킹맘이다 보니 힘들 때면 '미루기 유혹'에 빠질 때가 많다.
'이것 정도는 엄마가 해줬으면 좋겠는데….'
'남편이 일찍 와서 해주면 좋겠는데….'
그런 생각이 들 때마다 남는 건 상대에 대한 서운함과 나만 희생하는 것 같은 억울함뿐이었다.
10분 청소를 하면서 이런 마음을 버리게 됐다. 어차피 내가 해야 할 일이라면 기쁜 마음으로 하는 게 낫다. 그것이 바로 어른의 자세가 아닐까.

아이들에게 자주 읽어주는 그림책 《도깨비를 빨아버린 우리 엄마》에는 빨래를 좋아해 집 안에 있는 모든 물건을 다 빨아버린 엄마가 나온다. 팔 한번 걷어부치고 "내가 다 해내지 뭐"라며 엄마는 집을 찾아온 도깨비까지 빨아버린다.

그에게 수많은 빨래는 더 이상 힘든 노동의 영역이 아니다. 귀찮고 하찮다고 생각했던 집안일을 씩씩하게 해내는 도깨비 엄마를 떠올리면 나 또한 청소하기 전 팔 한번 씩씩하게 걷어부치게 된다.

2부

온 가족이 함께한 미라클 모닝 습관 공부

—

행동이 따르지 않는 말은
그저 지시에 불과하다

아이와 함께 '아침 1시간'을 확보하라

맞벌이를 하며 우리 부부가 아이들과 얼굴을 맞대고 식사하는 날은 주말이 아니면 손에 꼽을 정도였다. 함께 있는 시간이 턱없이 부족했다.

아빠는 통근 버스를 타기 위해 새벽 6시 반이면 집을 나섰고 엄마도 8시쯤 출근했다. 아이들은 보통 8시가 넘어 일어났기 때문에 서로 얼굴도 보지 못하고 하루를 시작했다.

저녁 시간은 어땠을까? 아빠는 퇴근길이 멀어 일찍 끝나도 함께 저녁을 먹을 수 없었다. 엄마도 빨리 와야 오후 8시였다.

온 식구가 둘러앉아 평일 저녁 식사를 함께하는 것은 기념일에나 가능했다. 어쩌다 아빠의 야근과 엄마의 회식이 겹치는 날이면 그날 아이들은 하루 종일 엄마 아빠의 얼굴을 보지 못한 채 잠이 들었다.

밤 9시부터 시작된 전투 같은 일상

부모의 늦은 퇴근에 뒷전으로 밀려 있던 아이들과의 시간은 밤 9시부터 본격적으로 시작됐다. 직장에서 격무에 시달린 엄마 아빠는 물론, 아이들도 졸린 눈을 비비기 일쑤였다. 서로 피곤한 상태에서 아이들과의 시간이 즐거울 리 없었다.

아이들은 엄마 아빠와 부대끼며 놀고 싶었지만 부모의 생각은 달랐다. 학교 과제는 챙겼는지, 방은 언제 치울 건지, 오빠와 동생은 왜 자꾸 싸우는지 지적하고 혼내기에도 부족한 시간이었다.

책을 읽어주다 그대로 잠든 날이 많았고, 한 권만 더 읽어 달라는 아이의 부탁을 외면하기도 했다. 새벽 기상을 하면서부터는 일찍 자야 한다는 압박감에 어떻게 하면 아이들을 빨리 재울지 골몰했다.

이것이 과연 맞는 방향일까? 아무리 맞벌이 가정이라고 해도 평일 볼 수 있는 시간이 1시간 남짓이라면 그것을 가족이라고 부를 수 있을까? 아니라고 해도 별 대안이 없었다. 누군가의 휴직 또는 퇴사만이 당장 할 수 있는 선택지였다. 하지만 월세에 각종 학원비, 공과금, 대출이자로 나가는 고정비용을 생각하면 쉽지 않은 결정이었다.

대책 없이 고민만 쌓여가던 어느 날, 육아에 대한 어려움을 토로하던 내게 친구가 말했다.

"너희 부부, 미라클 모닝 하고 있잖아? 아침 시간을 활용해 보는 건 어때?"

부부가 새벽을 깨우며 일상을 바꾸고 있었지만, 아이가 함께할 수 있다는 생각은 미처 하지 못했다. 밀린 숙제를 하느라 아이가 늦게 자는 걸 당연히 여겼다. 늦게 일어나도 잠을 더 자는 게 성장기 아이들에게 좋을 거라고 막연하게 생각했다.

왜 아이들이 늦게 자기 때문에 늦게 일어날 수밖에 없다고 생각했을까? 밤 10시를 훌쩍 넘겼던 아이들의 취침 시간을 1시간, 아니 단 30분이라도 당길 수 있다면 그만큼 일찍 일어날 수 있지 않을까?

아이들과 많은 시간을 보내기 위해 직장을 그만두는 게 유일한 방법이라고 생각했다. 그에 따르는 반대 급부, 금전적인 여유를 포기해야 하는 것 때문에 우리는 늘 이러지도 저러지도 못 했다.

취침과 기상 시각을 모두 조금씩 앞당겨보자고 발상을 바꿨을 뿐이었다. 그러자 어지럽게 널려 있던 퍼즐이 단번에 맞춰지는 기분이었다.

엄마 아빠가 새벽 기상 후 취침 시간을 조금씩 당긴 것처럼 아이들도 일찍 자면 일찍 일어날 수 있다. 일찍 일어나보니 가족의 미라클 모닝은 월급 통장을 건드리지 않고 아이들과 시간을 보낼 수 있는 현실적인 방법이었다. 매일 손가락 사이로 흘려보냈던 시간의 조각들을 재배치하면 하루를 보다 알차게 쓸 수 있을 것 같았다.

부모와 자녀가 좋은 시간을 보내는 방법은 그리 멀리 있지 않았다. 오전 8시가 넘어야 시작되는 하루를 조금만 당기면 된다. 할 엘로드가 그랬던 것처럼, 하루의 방향키인 아침 첫 30분을 부모와 아이가 함께 잘 보낼 수 있다면 그날 하루는 성공적으로 목적지에 도착할 수 있다.

매일 손가락 사이로 흘려보냈던
시간의 조각들을 재배치하면 하루를 보다
알차게 쓸 수 있다.

__할 엘로드, 《미라클 모닝》

chapter 2

차곡차곡 쌓이는 '하루의 힘'

우리 가족은 휴가 때마다 여행을 떠났다. 해외여행은 물론, 국내에서도 수영장이 딸린 근사한 리조트를 찾아다녔다. 돈이 들더라도 좋은 곳에서 다양한 것을 보여주는 게 부모가 할 수 있는 최선이라고 생각했다.

돌이켜보면 평소 함께 시간을 많이 보내지 못한 부모의 죄책감을 덜어내기 위해서였다. 벼락치기로 추억을 쌓는 셈이었다. 그래서였을까. 아이들과 소소한 일상을 공유하지 못한 채 어쩌다 보내는 특별한 시간은 밀도가 떨어졌다.

아이와 매일 나누는 대화가 얼마나 소중한지 깨닫게 된 계기가 있다. 첫째의 잠자리 독립은 초등학교 입학과 동시에 이뤄졌다. 아이가 원해서라기보다 부모의 잠자리를 편하게 만들기 위한 사실상 '강제' 독립이었다. 평소 원했던 2층 침대를 사주는 대신 혼자 자기로 약속했다. 약속을 어기면 가구 매장 아저씨가 침대를 가져간다는 조건이 붙었다.

한동안 첫째는 씩씩하게 혼자 잠들고 일어났다. 그렇게 또 한 뼘 자란 줄 알았는데 착각이었다. 시간이 지날수록 첫째의 떼쓰기와 둘째를 향한 질투가 늘었다. 코로나19로 학교에 가지 않으면서 아이는 초등학생이 아닌 다섯 살 유치원생으로 돌아간 느낌이었다. 어느 날부터 침대 위 동생과 엄마 사이를 비집고 들어오기 시작했다.

처음에는 동생을 향한 질투라고 생각했다. 하루 이틀 책을 읽어주고 옆에서 재우면 될 줄 알았다. 그런데 재미있는 일이 벌어졌다. 잠이 들려는 순간 아이가 학교에서 있었던 일을 비롯해 친구와 장난치며 놀거나 다퉜던 일, 엄마에게 서운했던 점을 술술 털어놓는 것이었다. 평소 "오늘 재미있었니?"라고 물어보면 "몰라" 아니면 "응"이 전부인 아이였다. 그런 아들이 잠들 무렵이 되자 마법에 걸린 것처럼 수다쟁이가 됐다.

그때 생각했다. '아이에게는 부모와 부대끼며 그날 하루를 털어놓는 시공간이 필요했던 거구나….' 아이는 엄마 또는 아빠와 함께 도란도란 이야기하면서 잠들고 싶었던 것이었다. 그날 이후 우리는 아이가 원할 때까지 함께 자기로 결정했다. 비록 2층 침대는 무용지물이 됐지만 말이다.

잠들기 직전뿐만 아니라 잠에서 깰 때도 아이와 나누는 대화는 중요하다. 긴장이 풀어지는 취침 직전이 속 깊은 대화를 나누기 좋은 시간이라면, 푹 자고 난 기상 직후는 마치 흰 도화지 같다. 전날 어떤 일이 있었는지 상관없이 부모와 자녀의 관계를 재설정할 수 있는 '리셋 타임'이다. 단지 잘 자고 일어났다는 이유만으로 꼭 껴안아주고 얼굴을 쓰다듬어줄 수 있는 시간이다.

이 시간은 아이와 솔직한 대화를 나눌 수 있는 '매직 타임'이기도 하다. 어젯밤 꿈에 누가 나왔는지, 오늘 학교와 유치원에 가면 어떤 시간을 보내고 싶은지, 그날 하루를 설계하고 다짐하는 시간으로 만들 수 있다.

언뜻 보면 대단할 것 없는 아침 풍경일 수 있다. 그런데 이렇게 사소해 보이는 매일매일이 차곡차곡 쌓여간다면 어떻게 될까? 하루가 한 달이 되고, 그 한 달이 모여 1년, 5년, 10년이 된다면?

자기계발 전문가 고(故) 구본형 작가는 자기혁명에 대해 "하루 속에서 자신이 지배하는 시간을 넓혀가는 것"이라고 정의했다. 한 사람의 인생을 바꾸는 혁명은 그리 거창하고 어려운 게 아니다. 하루의 10%를 차지하는 일상의 시간부터 바꿔보는 것이다. 그렇게 '좋은 하루'들을 많이 만들어갈수록 인생도 길고 풍요로워질 수 있다.

자신뿐만 아니라 가족을 바꾸는 일에도 대단한 비결이 있는 건 아니다. 주말이나 연휴 때마다 아이와 어디라도 가야 할 것 같은 의무감에 조바심을 낼 필요는 없다. 아이와 매일 함께하는 고정 시간을 꾸준히 적립하는 것, 아이와 좋은 하루를 매일 쌓아가는 것. 세상 어떤 것보다 값진 적립식 투자가 될 수 있다.

오늘 하는 일이 당신이 어떤 사람이 될지 결정하고,
그에 따라 삶의 질과 방향이 결정된다는
사실을 항상 기억하라.
특별한 삶을 창조하는 사람이 되기 위해
오늘 노력하지 않는다면, 내일도 다음 주도 다음 달도
달라지는 건 없다.

__할 엘로드, 《미라클 모닝》

chapter 3

'말'이 아닌 부모의 '행동'으로 보여준다

새벽에 일어나면서 알게 된 한 엄마의 이야기다. 늦게 일어나 아침 준비로 허둥대는데 아이마저 일어나지 않자 짜증 내는 날이 늘었단다. 행복한 마음으로 딸을 깨우고 싶어 일찍 일어났는데 예상치 못한 효과가 나타났다. 딸보다 먼저 일어나 혼자만의 시간을 보내고 났더니 마음이 꽉 찬 기분이 들었다. 아이를 대하는 태도에도 여유가 생겼다.

부모가 먼저 미라클 모닝을 시작한 우리 집 아침 풍경도 조금씩 달라졌다. 엄마가 명상과 운동, 독서를 한 후 집에 배달되는 조간신문을 읽을 때쯤 첫째가 일어났다. 잠에서 덜 깬 첫째를 무릎 위에 앉히고 신문에 실린 기사와 사진을 아이 눈높이로 읽어주었다. 어차피 업무 준비를 위해 신문을 읽어야 했기에 일석이조였다.

그러면 둘째가 일어나 눈을 비비며 아빠가 출근 전 거실 화이트보드에 남기고 간 감사 일기를 읽었다. 그 후 아이들은 30분 정도 학교 숙제와 그날 꼭 해야 하는 과제를 하고 아침을 먹었다.

매일 잠든 아이들만 보며 출근하던 부모의 일상에도 변화가 찾아왔다. 아침에 아이와 함께 중요한 과제를 끝냈더니 출근길 발걸음이 가벼워졌다. 오후 내내 아이가 숙제를 제대로 하고 있는지 회사 화장실에서 전화를 붙들고 궁금해하지 않아도 됐다. 퇴근 후에도 아이들을 닦달하며 숙제를 보채지 않을 수 있었다. 대신 행복한 마음으로 아이들과 하루를 되돌아보는 시간을 만들 수 있었다.

아침에 같이 숙제를 봐주게 되니 아이가 어떤 점이 부족한지, 어떤 것을 잘하는지 자연스레 알게 되었다. 아이가 그날 해야 하는 학습 목록과 분량을 쭉 적은 후 아침과 오후, 저녁 시간대에 맞게 분산해서 배치했다. 아침에는 부모가 봐줄 수 있는 중요한 학교 숙제를, 저녁에는 단어 쓰기처럼 혼자서도 할 수 있는 과제를 하는 식이었다. 매일 주어진 분량을 스스로 하는 게 습관으로 굳어지자 학원을 보낼 필요가 없었다.

아이가 일찍 일어나길 원한다면 부모가 일찍 일어나면 된다. 아이가 세상에 대해 배우기를 원한다면 부모가 먼저 신문과 책을 곁에 두고 읽으면 된다. 아이가 다른 사람에게 감사하기를 원한다면 부모가 평소에 감사하는 마음을 표현하면 된다. 아이가 매일 주어진 과제를 놓치지 않고 하길 원한다면 부모 또한 스스로 약속한 루틴을 지키면 된다.

동물들은 어미가 새끼에게 행동으로 모든 것을 가르친다. 몇 년 전 어미 곰이 새끼 곰에게 미끄럼틀 타는 법을 가르치는 영상이 화제가 된 적이 있었다. 영상 속 어미 곰이 가장 먼저 한 행동은 미끄럼틀에서 내려오는 시범을 보이는 것이었다. 어미 사자도 마찬가지다. 새끼 사자에게 점프하는 걸 가르치기 위해 새끼들 앞에서 열심히 몸을 움츠렸다 편다.

그런데 행동이 아닌 말로 가르치는 유일한 동물이 있다. 바로 사람이다. 공부 열심히 하라고, 책 좀 읽으라고, 반찬을 골고루 먹으라고, 인사를 잘하라고, 부모는 매번 말로 가르치려

하지만, 행동이 따르지 않는 말은 그저 지시에 불과하다. 아이가 진정한 가르침으로 받아들이려면 방법은 한 가지다. 부모가 먼저 행동으로 보여주면 된다.

우리 부부는 각자의 시간을 만들기 위해 새벽 기상을 시작했다. 그런데 이 시간들이 일상의 한 부분으로 정착되자 자녀에게는 살아 있는 교육이 되었다.

어느 날, 딸아이가 물었다.
"엄마는 아침 일찍 몇 시에 일어나? 5시? 6시?"
그러자 아들이 대신 대답해주었다.
"에이, 그것도 몰라. 엄마 아빠는 5시에 일어나잖아."

아이들은 엄마 아빠가 운동과 독서, 글쓰기로 새벽을 보낸다는 것을 말하지 않아도 다 알고 있었다. 게다가 새벽에 일어나는 것을 자연스럽게 받아들이고 있었다.

펜실베이니아대학교 심리학과 교수인 앤절라 더크워스는 무언가를 성취하는 데 있어 타고난 재능보다 열정과 결합된 끈기를 뜻하는 '그릿(grit)'이 더 중요하다고 주장했다. 그는 이 그릿을 자녀들이 가지기를 바란다면 먼저 부모부터 돌아보라고 조언했다. 당신 자신이 인생의 목표에 얼마만큼 열정과 끈기를 가지고 있는지 질문해보라고 말이다.

이를 위한 방법으로 온 가족이 '어려운 일에 도전하기 규칙'을 제시했다. 엄마와 아빠를 포함한 온 가족이 어려운 일에 도전하기로 약속하는 것이다.

가족은 '원팀'이다. 자녀들이 태어나 처음으로 팀워크를 경험하는 곳이다. 가족이 함께 부대끼며 살고 있는 식구이자 '원팀'이라는 것을 확인할 수 있는 방법은 다같이 무언가에 도전하는 것이다. 우리 가족에게는 '일찍 자고 다 함께 하루를 조금 일찍 시작하는 것'이 함께할 수 있는 도전과제이다.

혼자 일어나는 것도 버거운 일인데 부부는 물론 아이들까지 어떻게 일찍 일어날 수 있냐고 반문할지 모르겠다. 알고 있다. 쉽지 않은 일이다. 하지만 이것만큼 누구나 마음만 먹으면 당장 할 수 있는 일도 없다. 어려운 일 같아 보이지만 가족이 함께한다면 못할 것도 없다.

온 가족 미라클 모닝으로 달라진 우리 집 아침 풍경

미라클모닝 전	자녀의 8시 기상, 부모의 8시 전 출근 =서로의 얼굴을 보지 못한 채 하루 시작
	아침 시간 =부모의 출근 준비로 정신없음
	늦은 오후와 저녁 시간 =숙제는 하고 있을까 불안한 엄마 아빠
	퇴근 이후 =숙제 봐주기 전쟁
미라클모닝 후	부모 5시 전 기상, 자녀 7시 기상 =아이와 1시간 동안 시간을 보낸 후 하루 시작
	아침 1시간 =신문 읽기, 숙제, 영어 공부 등 해야 할 일 마무리
	늦은 오후와 저녁 시간 =하고 싶은 일 하며 쉬기
	퇴근 이후 =함께 책 읽고 하루 되돌아보며 행복하게 잠들기

"엄마, 나는 절대로 모차르트가

될 수 없으니까 오늘 피아노 연습을

하지 않겠어요"라고 말한다면 이렇게 대답해줄 것이다.

"너는 모차르트가 되려고

피아노를 연습하는 게 아니란다."

__앤절라 더크워스, 《그릿》 중

chapter 4

부모의 애정 어린 무관심이 필요한 순간

첫째는 무엇인가에 한번 꽂히면 푹 빠지는 성격이다. 어릴 적부터 그리기와 만들기, 블록 놀이를 좋아했다. 집중하기 시작하면 아무리 불러도 대답이 없었다. 두 눈을 똑바로 보고 큰 소리로 말해야 겨우 알아차리고 대답할 정도였다.

좋아하는 분야에 대한 몰입도가 높아 뿌듯했지만, 학년이 올라갈수록 고민이 생겼다. 관심 있는 일에는 집중했는데 그렇지 않은 일에는 대책이 없을 만큼 산만했다.

학년이 올라갈수록 숙제와 챙겨야 할 것이 늘었는데 스스로 하는 것을 힘들어했다. 코로나19로 학교에 가지 않은 날이 많아지면서 과제물 챙기기, 연필 쥐는 법, 책가방 싸기 등 기본 습관을 익힐 '골든 타임'을 놓친 탓이었다.

유치원 때 일기를 곧잘 썼던 아이가 어느 순간부터 일기 한 줄 쓰는 것을 어려워했다. 싫어하는 국어 과목의 단원 평가 문제를 거의 풀지 않아 학교에서 전화가 온 적도 있었다. 저학년 때는 부모가 옆에서 과제를 챙겨줘야 했는데, 그럴 시간이 턱없이 부족했던 게 안타까웠다.

그런 상태에서 저녁 시간은 전쟁터나 다름없었다. 일찍 퇴근한 엄마 또는 아빠는 마치 대단한 사명이라도 부여받은 듯 첫째의 숙제 챙기기와 각종 공부시키기 미션에 돌입했다. 하루 내내 학교와 돌봄 교실에 있다가 이제 좀 쉬고 싶은 아이의 기분 따위는 문제가 되지 않았다. 놀이방에서 공룡과 블록 놀이에 빠져 있는 아이를 기어코 불러내 책상 앞에 앉혔다.

아이의 방해꾼이 된 부모

아이의 입장에서 보면 부모는 잠시의 쉴 틈도 주지 않은 방해꾼이었다. 숙제 임무에만 꽂힌 부모는 아이가 재미있는 책에 빠져 있는 것조차 그냥 놔두지 않았다. 반드시 숙제만은 끝내게 하겠다는 부모와 하기 싫다는 아이와의 씨름으로 저녁 시간은 숙제는커녕 책에도 흠뻑 빠지지 못하는 애매한 시간이 되어버렸다.

문득 이게 아니라는 깨달음이 찾아왔다.

시간은 다 똑같은 것 같지만 그렇지 않다. 시간대별 성질과 쓰임이 조금씩 다르다. 오후에서 저녁, 밤으로 이어지는 시간은 대개 '소비'의 시간이다. 하루 동안 긴장했던 몸이 서서히 풀어지며 널브러지고 싶은 시간이다. 퇴근 후 소파에 앉아 맥주를 마시거나 넷플릭스 한 편 보는 게 더 어울린다.

반면 동트기 전 새벽과 아침 시간은 무언가를 '생산'하기에 더없이 좋은 시간이다. 떠오르는 해를 바라보며 흰 도화지에 무엇이라도 채워 넣는 게 더 어울린다. 책을 읽고 명상과 운동을 하며 머리와 몸속에 새로운 기운을 불어넣는 게 적합한 시간이다.

아이에게도 마찬가지다. 저녁 시간은 빽빽이 채우기만 했던 하루에 산소와 물을 주는 시간이다. 평소 하고 싶었던 놀이를 하거나 책이나 영화를 보며 긴장했던 몸과 마음에 여유를 채우는 것이다.

아이들도 유치원과 학교라는 사회적 공간에서 제법 많은 에너지를 소모한다. 그런 아이들이 방과후 교실이나 학원까지 다녀오면 집에 와서 방전되는 것은 당연하다.

한때는 저녁마다 반복되는 아이들의 짜증을 이해하기 어려웠다. 매주 수요일 축구 교실에 다녀오는 첫째가 왜 저녁을 먹은 후부터 야수처럼 변하는지, 낮잠을 안 자기 시작한 둘째가 왜 저녁이 되면 말도 안 되는 생떼를 부리는지 말이다.

시간대별 아이의 컨디션을 알면 아이의 말도 안 되는 행동들이 이해가 된다. 항상 '왜 저럴까?', '내 육아 방식에 문제가 있는 걸까?' 답답하고 걱정되었는데, 이제는 그럴 수 있겠다 싶다.

하루를 아낌없이 쓰고 온 아이들에게 필요한 건 충전이다. 저녁 시간만큼은 아이들 스스로 마음의 정원을 가꾸며 물을 주도록, 부모는 애정 어린 무관심을 보여야 한다.

가장 중요한 일을 먼저 하라

자기계발서에 자주 등장하는 이론이 있다. 바로 '돌멩이 이론'이다. 커다란 수조에 돌멩이, 자갈, 모래를 가득 채워야 한다면 무엇부터 넣어야 할까? 정답은 큰 돌멩이부터 넣고 자갈, 모래 순으로 넣는 것이다. 그래야 수조를 가득 채울 수 있다. 가장 작은 모래부터 넣으면 자갈, 돌멩이 모두를 채울 수 없다.

여기서 큰 돌맹이는 '중요한 일'이다. 중요한 일을 먼저 처리해야, 즉 하루를 시작할 때 첫 번째로 해야 집중력과 효율을 높일 수 있다.

이 돌멩이 이론은 아이에게도 똑같이 적용할 수 있다. 하루를 단 30분이라도 일찍 시작할 수 있다면, 그 시간 동안 가장 중요한 일을 먼저 하는 것이다.

그렇다면 중요한 일이란 무엇일까? 어떤 일을 하루의 우선순위로 두어야 할까? 우리 집에서는 1순위를 크게 다음 세 가지로 나누었다.

첫째, 학교 숙제처럼 반드시 해야 하는 기본적인 일. 독서록이나 일기 쓰기를 비롯해 문제집 풀기, 오답노트 쓰기 등 학교에서 내주는 숙제가 대표적인 예다.

둘째, 아침에 배달되는 신문을 읽는 것처럼 부모와 자녀가 함께할 수 있는 일.

셋째, 조금 지루하고 귀찮아도 반드시 하겠다고 약속한 일.

이 우선순위의 큰 틀은 아이의 컨디션, 일의 중요도, 시간대 특성에 맞게 부모가 정했다. 다만 저녁에 하는 일만큼은 아이가 선택하도록 했다. 아이들이 충분한 휴식을 취하며 블록 놀이나 소꿉놀이, 책 읽기 등을 통해 자신만의 관심사를 찾기 바랐다. 자신이 무엇을 좋아하고 어떤 것을 잘하는지 아직 모르는 아이들에겐 다양한 것을 경험하거나 놀이할 수 있는 탐색의 시간이 필요하다고 생각했다.

요즘 아이들에게 일찍 자고 일찍 일어나기는 어려운 과제가 되어버렸다. 주위만 둘러봐도 그렇다. 초등학교 고학년이 되면 학원 시간 때문에 귀가 시간이 밤 9시를 훌쩍 넘어간다. 씻고 간식을 먹다 보면 자정에 취침할 때도 많다. 그렇게 빡빡한 시간표를 '해내야 하는' 아이들에게 과연 충전과 탐색의 시간은 있는 것일까?

아직 방향을 찾지 못한 아이들에게 노만 열심히 젓게 하는 것 같아 안타까울 때가 많았다. 적어도 우리 집 아이들에게는 그러고 싶지 않았다. 나침반을 손에 든 채 충분히 탐색할 수 있는 시간적 여유를 주고 싶었다. 또 스스로 방향을 정했을 때에는 힘껏 노를 저을 수 있는 끈기와 패기를 길러주고 싶었다. 그러기 위해서는 오후를 몸과 마음을 쉴 수 있는 시간으로 마련해 주어야 한다.

아침에 채워야 할 큰 돌멩이들

1. 반드시 해야 하는 기본적인 일(예시: 학교 숙제, 일기 쓰기 등)

2. 부모와 자녀가 함께할 수 있는 일(예시: 부모와 함께 신문읽기)

3. 스스로 하겠다고 약속한 일(예시: 반드시 하겠다고 약속한 일)

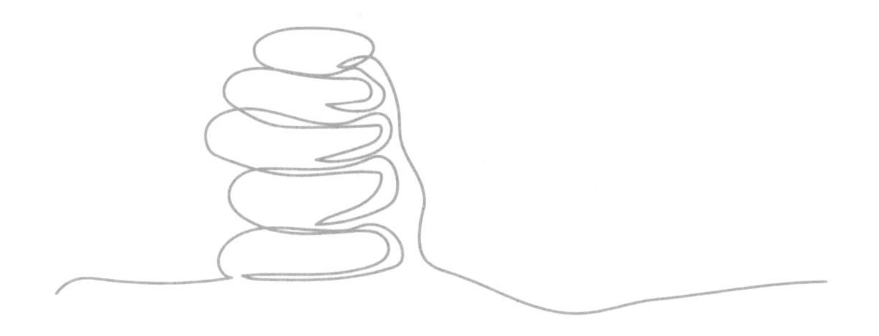

다른 사람들은 현실을 보고

"왜 그렇게 해야 하느냐?"고 물었다.

나는 가능성을 보고 "왜 못 해?"라고 물었다.

__로버트 F. 케네디

추상적인 시간을 구체적인 계획으로 바꾼다

기자인 엄마는 20년 가까이 매일 마감에 쫓기는 삶을 살았다. 몇 년 전 신문사에서 방송사 보도 본부로 자리를 옮긴 후에는 촌각을 다투는 일이 더 많아졌다. 조금이라도 뉴스 제작이 늦으면 방송 사고로 이어지기 때문이었다. 모든 일이 마감 시간에 쫓기다 보니 못된 습성으로 이어졌다. 일을 미루고 미루다 마감이 다가오면 그제야 하거나, 약속 시간에 임박해서야 정해진 장소에 도착하는 식이다. 일종의 직업병이었다.

미라클 모닝을 하면서 우리 부부는 주어진 시간을 알차게 쓰는 충만함을 경험했다. 새벽 4시 반 무렵 일어나 아이들이 일어나기 전 두세 시간을 어느 때보다 효율적으로 활용했다.

평범한 3시간과 아이들이 일어나기 전까지 주어진 3시간은 마음가짐부터 달랐다. 초반에는 뭘 해야 할지 몰라 멍하게 보낸 적도 많았다. 시간이 지날수록 명상, 운동, 글쓰기 등 할 일들이 정리가 됐다.

마감이 닥쳐야 집중하는 습성에 대해서도 다르게 보기 시작했다. 마감 직전 초인적인 집중력을 발휘하거나, 절박한 마음에 생각지 못했던 아이디어가 튀어나오는 경우가 많았다. 굳이 이 습성을 고칠 필요가 있을까? 이런 점을 긍정적으로 활용해 좋은 성과물을 낼 수 있는 방법을 고민하게 되었다.

아이와 함께 주어진 아침 시간은 1시간이 채 되지 않았다. 하지만 어떠한 방해 요소도 없기 때문에 오후의 몇 시간보다 알차게 쓸 수 있었다. 무엇보다 아이가 주어진 시간을 효율적으로 써보는 것이 훌륭한 연습이자 경험이 될 것이라고 생각했다.

평일 아침 7시에서 7시 반 사이, 거실 한편에 놓인 낮은 책상에 앉아 아이는 엄마(혹은 아빠)와 함께 신문을 읽고, 학교 숙제를 한 후 나머지 시간에는 영어 과제를 수행했다. 매일 정해진 시공간 안에서 아이는 큰 돌멩이를 하나씩 수조 안에 넣었다.

처음부터 쉬웠던 것은 아니었다. 일어나자마자 놀이방에서 블록을 한다고 고집을 부린 적도 있었고, 오후에 숙제를 하면 안 되냐고 화를 내기도 했다. 하지만 매일 아침 '큰 돌멩이 넣기'에 성공하면 오후 시간에는 하고 싶은 것을 할 수 있다는 것을 경험하자 불만이 조금씩 사라졌다.

초반에 아이는 30분은커녕 3분도 가만히 앉아 있지 못했다. 시간이 지날수록 바닥에 엉덩이를 붙이는 시간이 조금씩 늘어났다. 일기를 쓸 때마다 "뭘 써야 할지 모르겠다", "길게 쓰는 게 힘들다"며 칭얼대던 아이가 어느 날부터 차분히 앉아 한 장씩 써내려갔다.

과제 하나를 마치는 데 걸리는 시간이 점점 줄어들자, 주어진 시간 안에 할 수 있는 일의 분량도 서서히 늘어갔다.

엄마가 새벽 시간을 효율적으로 보낼 수 있었던 것은 타이머의 힘이 컸다. 미국 기업인 구글에서 직원들이 업무 효율성을 높이기 위해 사용한다는 '타임 타이머'였다. 원하는 시간을 맞추면 그만큼 빨간색 원반으로 표시되고 시간이 흘러갈수록 빨간색이 사라지는 방식이다. 직관적이고 생생하게 시간이 줄어드는 것을 볼 수 있다.

특히 책을 읽을 때 30분 동안 이 타이머를 맞춰 놓고 읽었더니 집중력이 높아졌다. 그렇게 압축된 시간이 쌓이기 시작하니 일주일에 한두 권의 책을 읽을 수 있었다.

타임 타이머를 아이들의 아침 시간에도 활용해보기로 했다. 아이들에게 숙제를 하자고 하면 열에 아홉 번 돌아오는 대답은 "응, 이것만 하고 할게"였다. 그런 아이에게 계속 다그치면 잔소리만 될 뿐이었다.

아이에게 필요한 것은 정확한 기준과 자율성이다. 이 타이머를 도입하고 아이가 뭔가를 미룰 때면 "그래, 그럼 몇 분 후에 하면 될까?"라고 물어보았다. 구체적인 시간을 정하도록 아이에게 선택권을 주었고, 타이머가 울리면 아이는 스스로 움직였다.

타임 타이머는 1983년 잰 로저스라는 주부가 발명했다. 그의 네 살배기 딸이 "시간이 얼마나 남았어?"라고 자꾸 물어보자 추상적인 시간을 시각적으로 보여주기 위해 이 타이머를 개발했다고 한다. 타이머는 특히 아침 시간에 숙제 시간을 정하거나 집중해서 숙제를 할 때 유용했다.

저녁 시간에 영상을 볼 때도 아이들에게 30분, 1시간씩 시간을 정하게 했다. 평소에도 아이들이 무엇을 하기 전 스스로 시간을 정해 타이머를 맞추도록 했다. 내가 정한 시간의 소중함을 알며 그 시간만큼은 자신이 정한 일에 집중할 수 있기를 바랐다.

'작은 승리'의 힘

미라클 모닝의 가장 큰 소득은 매일 아침, 정해진 시간 안에 주어진 일을 마무리했다는 성공 경험이었다. 아이는 뭔가를 해냈다는 성취감으로 하루를 시작했다. 허둥지둥 아침을 보내지 않았다는 것만으로 성공한 하루의 출발이었다.

전 세계에 일찍 일어나기 열풍을 일으킨 할 엘로드는《미라클 모닝》에서 "매일 어떻게 일어나고, 어떻게 아침을 보내는지가 성공의 등급에 엄청난 영향을 끼친다"고 말했다. 그의 말처럼 집중력 있고 생산적이고 성공적인 아침은 집중력 있고, 생산적이고, 성공적인 날들을 만들어낸다.

아이들도 그랬다. 아침부터 누리는 성취의 경험이 나머지 하루에 영향을 미쳤다. 힘들게 큰 돌멩이를 수조 속에 넣는 데 성공했으니 나머지 자갈과 모래를 넣는 것은 아무것도 아니라고 생각하는 것 같았다.

창의성 연구의 대가이자 조직 혁신 전문가 테리사 아마빌레 하버드경영대학원 교수는 자율성에 기반하여 직원들의 내재적 동기를 자극하는 것이 조직의 창의성과 생산성을 높일 수 있다고 주장했다. 그렇다면 조직원에게 자율성을 부여하고 내재적 동기를 불러일으킬 수 있는 방법은 무엇일까?

그는 자신의 책 《전진의 법칙》에서 238명의 직장인이 언제 행복을 느끼고 언제 동기부여가 되는지 분석했다. 그에 따르면 직원들은 자신의 일에서 '전진'했을 때 감정이 가장 크게 고양되었는데, 그 전진의 기준이 꼭 큰 프로젝트를 수행하거나 혁신적인 서비스를 개발한 것 등을 의미하지 않았다. 오히려 작고 사소하지만 개인적 의미를 찾을 수 있는 '작은 승리(small wins)'를 통해서도 직원들은 전진한다고 생각했다.

매일 큰 성과를 거두고 성취감을 맛보면 좋겠지만 현실은 그렇게 만만한 곳이 아니다. 대신 작고 소소한 성취를 거두고 거기에 감사할 줄 안다면 그 작은 승리들이 쌓이고 쌓여 큰 승리로 이어진다. 미라클 모닝은 바로 이 작은 승리를 거둘 수 있는 가장 손쉬운 방법이다.

동기를 잃지 않고 업무의 능률을
유지하려면 매일 즐겁고 의미 있는
발전의 기회를 가져야 한다.
이때 중요한 것은 발전의 크기가 아니라 빈도다.

__존 크럼볼츠 외, 《빠르게 실패하기》 중

chapter 6

매일 지루함을 견디는 연습

엄마 아빠가 어릴 적 대부분의 가정에는 텔레비전이 한 대 있었다. 정규 방송 시간이 정해져 있기 때문에 원하는 프로그램을 보려면 편성표에 적힌 시간까지 기다려야 했다. 채널도 지상파 방송 3사뿐이라 선택의 폭이 좁았다. 텔레비전이 한 대밖에 없다 보니 원치 않는 프로그램이라도 거실에 다 같이 모여 참고 봐야 했다.

요즘 우리 삶은 스마트폰이 지배하고 있다. 작고 네모난 기기 안에서 놀랍고 엄청난 일들이 벌어지고 있다. 넷플릭스와 유튜브만 있으면 내가 원하는 것을 원하는 때에, 원하는 만큼 볼 수 있다. 알고리즘은 머리 꼭대기에서 내가 보고 싶은 영상을 알아서 찾아 보여준다. 이런 세상에서 기다림과 참을성이란 단어는 시대에 뒤처진 용어처럼 느껴질 정도다.

태어날 때부터 스마트폰을 보며 자란 아이들을 키우다 보니 더욱 그런 생각이 든다. 엄마와 아빠가 한 대뿐인 거실 텔레비전을 통해 길러왔던 인내심을 이 아이들은 길러볼 기회조차 없다.

〈주말의 명화〉를 보기 위해 지루한 긴 광고도 참아냈던 부모 세대와 달리, 요즘 아이들은 '광고 건너뛰기' 버튼만 누르면 된다. 리모컨을 달라고 싸울 필요도 없다. 각자 손안에 저마다의 작은 세상을 쥐고 있기 때문이다.

'마시멜로의 법칙'이란 게 있다. 1960년대 미국 스탠퍼드대학교 연구진은 어린아이에게 마시멜로 실험을 했다. 연구진은 아이에게 15분간 이 마시멜로를 먹지 않고 참으면 두 개를 주기로 약속했다.

아이들이 유혹을 견딘 시간은 평균 3분. 대부분은 30초도 지나지 않아 마시멜로를 집어 먹었다. 유혹을 이겨낸 아이들은 참가자의 30%에 불과했다.

연구진은 첫 실험 후 15년이 지나 이 아이들을 추적 조사했다. 실험에서 마시멜로의 유혹을 이겨낸 아이들은 15년 후 문제해결 능력, 시험 성적 등 모든 면에서 그렇지 않은 아이들보다 우수한 결과를 보였다.

아들이 게임을 접하게 되면서 우리 가족도 마시멜로의 법칙을 시험할 게임의 규칙을 정했다. 아침 산책 후 게임을 할 때에는 40분간 할 수 있지만, 게임부터 먼저 하면 30분밖에 할 수 없는 식이었다.

부모의 기대와 달리 아이는 열 번 가운데 일곱 번 이상 게임을 먼저 하겠다고 선택했다. 산책을 하면 건강해지고 기분도 좋아진다는 걸 알지만, 그것을 견디면 게임을 10분 더 할 수 있다는 것도 알지만, 당장 눈앞에 재미있는 마시멜로, 즉 게임이 우선이었다.

이 법칙을 통해 하나를 참으면 두 개를 얻을 수 있다는 것을 경험하게 해주려는 부모는 혼란에 빠졌다. 온갖 자극과 유혹이 도처에 널려 있으니 참고 기다리는 힘이 턱없이 부족할 수밖에 없었다. 취약한 환경에 놓인 아이에게 기다림과 참을성을 어떻게 가르칠 수 있을지 막막했다.

방법은 멀리 있지 않았다. 마시멜로 법칙을 몸소 깨닫도록 우리가 설계한 규칙을 계속해서 반복했다. 어쩌다 선택한 '산책 후 게임'이 얼마나 보람 있는 선택이었는지 깨닫도록 게임의 규칙을 포기하지 않는 것이었다. 또 당장 하고 싶은 걸 참아냈을 때 인내의 열매가 얼마나 달콤한지 스스로 느끼게 하는 것이었다.

습관도 마찬가지다. 매일 아침 조금 일찍 일어나 과제를 하고 단어를 쓰는 것은 누가 봐도 지루하고 힘든 일이다. 얼마나 잘하느냐는 중요하지 않다. 매일 지루함을 견디는 연습을 통해 습관을 몸에 조금씩 새기는 것이다.

수학계의 노벨상이라 불리는 '필즈상'을 수상한 프린스턴대학교 허준이 교수에게 수학 난제를 풀게 된 비결을 묻자 "어렵기 때문에 재미있는 것"이라고 답했다. 그는 하루도 빠짐없이 무거운 역기를 들어야 하는 웨이트 트레이닝를 즐겁게 하고, 매년 훈련을 통해 마라톤 대회에 참가한다고 말했다.

그의 말처럼 수학 문제뿐만 아니라 우리의 인생도 어느 것 하나 쉽게 이뤄지는 것은 없다. 그것이 인생이라는 것을 기꺼이 받아들이고, 주어진 어려운 숙제를 하나씩 해나갈 뿐이다. 매일 조금 일찍 일어나, 무언가를 포기하지 않고 지속한다면 훗날 놀라운 성과를 만들어낼 수 있다.

고난과 역경을 이겨내는 힘

휴먼 다큐멘터리를 보면 선천적으로 기형을 가지고 태어나거나 혹은 끔찍한 사고를 당해 신체 활동이 극단적으로 제한된 사람들을 만날 수 있다.

양쪽 팔과 다리가 없이 태어났지만 동기부여 연설가로 전 세계를 누비는 닉 부이치치, 전신 3도 화상을 이겨내고 나눔의 삶을 살고 있는 이지선 교수 등 최악의 상황과 조건에서도 보통 사람은 믿기 어려울 만큼 긍정적이며 밝은 에너지를 가지고 누구보다 건강하게 살아가는 모습을 우리는 종종 볼 수 있다.

상상만으로 끔찍한 상황에서 그들은 어떻게 이를 행운으로 받아들이고 사고 이전보다 더 만족하며 살아갈 수 있었을까?

1997년 미국의 커뮤니케이션 이론가 폴 스톨츠가 만든 '역경지수(AQ, Adversity Quotient)'는 어려운 상황을 극복해나가는 능력을 말한다. 스톨츠는 앞으로 IQ 대신 AQ가 인간의 능력을 가늠하는 잣대가 될 것이라며, AQ를 '등반'에 비유했다.

그에 따르면 세상에는 세 종류의 사람이 있다.

- 난관에 부딪혔을 때 포기하고 내려오는 사람(quitter)

- 적당한 곳에서 캠프를 치고 안주하는 사람(camper)
- 난관을 극복하며 정상에 오르는 사람(climber)

이 중에서 당연히 난관을 극복하고 정상에 오른 등반가의 AQ가 가장 높다.

그렇다면 등반가의 AQ는 타고나는 것일까?

김주환 교수의 책 《회복탄력성》을 보면 비밀의 단서를 얻을 수 있다. 극단적인 상황에서도 다시 일어설 수 있는 힘, 오히려 그전보다 더 강해지는 사람들이 가진 특징을 회복탄력성(resilience)이라고 정의한다. 이것은 어려서부터 조건 없는 사랑과 믿음을 받은 사람들에게 나타나는 공통점이다.

하지만 회복탄력성은 후천적 노력, 즉 연습으로 강화할 수 있다. 연습 방법은 크게 두 가지이다.

첫째, 마음에 좋은 훈련인 감사하기
둘째, 몸에 좋은 훈련인 운동하기

매일 우리는 평온하고 여유롭고 아무 걱정 없는 삶을 살고 싶지만 현실은 그렇지 않다. 사람들 대부분은 매일 직장이나 학교, 주변 인간관계 속에서 스트레스와 분노, 걱정을 안고 살아가고 있다. 다른 점이 있다면 어떤 사람들은 똑같이 어려운 상황에서도 좌절하고 남 탓을 하는 반면, 어떤 사람들은 자신을 발전시키는 힘으로 사용하거나 자신이 바꿀 수 있는 것에만 집중한다.

미국 샌프란시스코의 랜드마크인 금문교(The Golden Gate Bridge)에 방문한 적이 있다. 1937년 완공된 이 다리는 지진이 잦은 샌안드레아스 단층에 위치해 있고, 높은 파도와 거센 조류, 자욱한 안개 등 모든 악조건을 고루 갖춘 곳에 건축되었다. 거센 해협 사이에 세워진 두 개의 탑 사이에 주 케이블이 길게 늘어져서 다리를 잡아주고 있는 현수교인데, 이곳 방문자센터에 가보면 주 케이블이 어떻게 만들어졌는지 알 수 있다.

케이블의 자른 단면을 보면 아주 얇은 선(wire)이 촘촘하게 모이고 또 모여 하나의 기둥과도 같은 케이블을 이루고 있다. 어떤 상황에서도 절대 끊어지지 않고 다리를 건너는 사람들의 생명을 보호하고 지탱해줄 것 같은 느낌을 받았다.

우리의 인생을 지탱해주는 힘은 무엇일까? 지진과 강풍, 높은 파도에도 꿋꿋이 버티고 있는 금문교처럼 우리에게도 매일 살아가며 겪는 분노와 스트레스, 좌절로부터 자신을 지켜줄 수 있는 무언가가 필요하다.

매일 얇은 철사 하나하나를 엮고 또 엮다 보면 어느새 케이블인지 기둥인지 모를 만큼 단단해져 누구도 끊어낼 수 없게 될 것이다. 이것이 바로 삶의 역경에서 스스로를 지키고 성장시킬 수 있는 힘이 될 것이라고 생각했다.

감사하는 습관, 그리고 운동하기. 이를 통해 아이들이 여러 어려움을 딛고 다시 일어나 웃고 있을 모습을 생각해본다.

난관에 부딪쳤을 때 '세 종류의 사람'

포기하는 사람

안주하는 사람

전진하는 사람

나는 불안해하는 아빠였다

알아차림

누구나 사소한 일에 참을 수 없는 분노가 올라오는 지점이 있다. 나 역시 마찬가지였다. 그런데 이런 것들이 결국에는 나를 해치는 행동이라는 것을 알아챘다. 명상 덕분인지, 책을 읽으며 나타난 변화인지, 아이들을 키우면서 나타난 것인지 정확히 알 수 없다.

내가 사소한 일에 분노를 느낄 때마다 다른 누군가도 나로 인해 똑같이 그럴 수 있다는 것을 깨닫게 되었다. 그러면서 자연스럽게 나를 다시 바라보게 되었다. 분노가 올라오면 그때 그 분노가 올라왔음을 내가 '알아차리는 것'이 중요했다. 어렵지만 알아차리기만 하면 되었다.

알아차림은 명상을 하면서 처음 알게 됐다. 사실 명상을 한답시고 눈감고 앉아 있으면 잡생각이 끊이지 않아서 나는 명상하긴

글렀다고 스스로 판단했다. 명상을 천천히 배워보니 그렇지 않았다. 어느 순간 '생각이 올라오는 것은 괜찮다. 생각이 올라왔음을 알아차리면 그걸로 됐다'라고 스스로 되뇌어서 놀랐다. 그 덕분에 명상을 이어갈 수 있었다.

심리학자 알프레드 아들러는 "과거와 타인은 바꿀 수 없다. 그러나 지금부터 시작되는 미래와 나 자신은 바꿀 수 있다"라고 말했다. 이 말처럼 나의 과거와 타인은 그대로 두고 나를 바꿔보기 시작했다. 아이에게 화가 치밀어 오를 때, 운전하면서 겪는 기상천외한 일에 일일이 즉각 반응하지 않고 '그래, 그럴 수도 있지. 뭔가 사연이 있겠지' 하고 넘길 수 있도록 끊임없이 연습하고 있다.

감사하기

나를 바꿔보기로 결심하고 선택한 도구 가운데 하나는 일기 쓰기였다. 일기 중에서도 감사 일기였다. 학창 시절 일기는 방학숙제 아니면 써본 적 없는 내가 일기를 쓰다니? 벽이 높아 보였다. 그러다 《타이탄의 도구들》에서 일기는 거창할 필요가 없으며, 저녁이 아닌 아침에 써야 하는 이유를 읽고 생각이 바뀌었다.

출근 전 아내와 아이들에게 매일 20자 이내로 짧게 감사의 한마디를 거실 화이트보드에 적기 시작했다. 매일 감사 일기를 가족에게 쓰다 보니 며칠 지나지 않아 고통스러워졌다. 말도 듣지 않는 아이들, 내 마음대로 잘 따라와주지 않는 아내를 보며 도대체 무엇에 감사해야 할지 몰랐다. 그래도 어떻게든 감사 일기를 써야 했기에 지난 나의 하루를, 아내와 아이들과 있었던 일을 세세히 되돌아보게 되었다. 작은 것 하나에도 감사할 만한 것을 찾기 위해 노력하게 되었다.

이 과정을 겪으며 두 가지를 깨달았다.

첫째, 감사하는 마음도 노력이 필요하다.

둘째, 무엇을 하더라도 매일 꾸준히 해야 한다.

감사도 습관이었다. 어떤 행동을 꾸준히 해야 뇌의 신경회로가 그쪽으로 발달한다. 그 행동이 우리의 무의식에서 행동으로 자연스럽게 연결되면 비로소 우리는 그것을 습관이라고 부른다. 감사하는 마음 역시 머릿속에서 일어나는 일이다. 근육도 자꾸 써야 발달하는 것처럼 감사하는 마음 역시 감사하는 신경회로를 활성화하고 자극해야만 비로소 습관이 된다.

그래야 작은 것에도 감사할 줄 알게 된다.

무엇에 감사할지 모를 때마다 귀찮다고 그만뒀다면 이런 깨우침을 얻지 못했을 것이다. 무미건조한 삶 속에서 어떻게든 쥐어짜내보려고 노력하다 보니 가족의 행동을 구체적으로 돌아볼 수 있었고, 작은 것 하나를 찾아내 감사할 줄 알게 되었다. 지금도 물론 노력하고 있다.

아내에게

어제 집 정리하느라 수고 많았어. 덕분에 빨리 마무리할 수 있어서 고마워.

아들에게

친구들과 잘 어울려 노는 모습 보기 좋더라. 숙제 밀린 것은 아쉬웠지만 끝까지 해보려는 모습이 멋있어.

딸에게

오빠 친구들하고 잘 어울리는 모습이 예뻐. 오빠랑 둘이 있을 때도 사이좋게 지내면 아빠가 기분이 좋을 것 같아.

육아에 대한 관심

교사인 아버지와 전업주부 어머니. 나는 그 시대 가장 전형적인 가부장적 가정에서 자랐다. 그런 환경 속에서 나도 모르게 가부

장적인 마인드가 뿌리 깊게 자리 잡고 있었다.

아이가 어릴 때는 밥을 먹이고 목욕시키는 건 잘 도왔지만 무언가 더 해야 할 필요를 느끼지 못했다. 어쩌면 '이만큼 하는 게 어디냐'라는 마음이 있었던 것 같다.

아이들의 기저귀를 갈아줄 필요가 없게 되자 나는 육아나 교육에 대한 관심의 끈을 완전히 놓아버렸다. 그러다 매일 일찍 일어나 여러 책을 읽으며 사교육이 아닌 책으로 육아하는 방법에 관심이 생겼다. 그때 오랫동안 우리 집 책장에 꽂혀 있던 《십팔년 책육아》라는 책 한 권이 떠올랐다. 제목만 보고 한 페이지도 펼쳐보지 않던 바로 그 책이었다.

책장에서 잠자던 이 책을 읽기 시작하면서 우리의 육아 방식을 돌아보게 되었다. 또 아이들은 독서를 통해 무한한 가능성을 펼칠 존재라는 사실도 배웠다. 아이가 어릴 때 잠자리에서 책을 읽어주면 "또, 또"를 무한반복 했는데, 그때 아이에게 화내고 재우려고만 했던 게 부끄럽고 미안했다.

그 무렵 2학년이 된 첫째가 자기주도적인 모습도 보이지 않고 예민한 성격이 좀처럼 나아지지 않으면서 우리 부부는 걱정이 되었다. 첫째가 화를 내며 신경질적 반응을 보이면 동생은 말할 것도 없고 우리 부부 역시 심하게 눈치를 보는 상황이 반복되었다. 그때마다 아이가 어렸을 때 훈육이라는 이름으로 다그치고 혼내던 내 모습이 떠올랐다.

하지만 늦었다고 생각한 순간이 가장 빠르다는 말이 있지 않은가! 큰아이를 어떻게든 잘 돌봐야겠다고 느꼈고, 거들떠보지 않았던 육아 서적을 본격적으로 들추기 시작했다. 그 이후로 아이들에게 내가 했던 말과 행동들이 아이의 성장보다는 당장 내가 편하기 위해 내린 선택이었다는 사실을 깨달았다. 우리 아이를 바꾸려 하지 말고 내가 먼저 바뀌어야겠다고 느꼈다.

부모는 아이에게 우주 같은 존재다

3부

아이에게 기다려지는 아침을 만들어주는 법

—

취침 전 시간이 하루 가운데
가장 전쟁 같은 시간이었다

수면에 대한 원칙과 기준

부부가 새벽에 일어난다고 하면 자주 듣게 되는 질문이다.

"어떻게 하면 일찍 일어날 수 있어요?"

그럼 이렇게 되묻는다.

"몇 시에 주무세요?"

새벽 기상에 대단한 비결은 없다. 일찍 자야 일찍 일어난다. 잠들고 일어나는 시간의 축을 조금씩 당기면 된다. 새벽에 일찍 일어나겠다고 취침 시간은 그대로 둔 채 일찍 일어난다면 오래 지속할 수 없다. 자신만의 적정한 수면 시간을 확보하는 것이 중요하다.

엄마의 경우 늦잠을 자고 싶을 만큼 몸이 피곤하면 기상 시간을 늦추는 대신 취침 시간을 당겼다. 컨디션에 따라 기상 시간을 들쭉날쭉 만들고 싶지 않았다. 하루를 시작하는 시각을 일정하게 유지하고 싶었다. 그래서 피곤할 때마다 밤 9시가 되기 전 잠자리에 누워 충분히 숙면을 취했다. 그러면 다음 날 새벽 상쾌하게 일어나 하루를 시작할 수 있었다.

일찍 자기 위해 반드시 포기해야 할 것이 있다. 무의미하게 침대에 누워 휴대전화를 만지작거리거나 재미있는 드라마나 영화 한 편을 보기 시작하는 일이다. 일찍 잠들기로 마음먹었다면, 휴대전화나 텔레비전 등 전자 기기는 잠자리에서 멀찌감치 두거나 끄는 게 좋다.

아이들이 일찍 일어나길 바란다면 이 또한 비결은 한 가지다. 일찍 자도록 하는 것이다. 아이의 수면 시간을 줄이면서까지 기상 시간을 앞당길 필요는 없다. 적정한 수면 시간을 지키면서 조금 일찍 자고 일찍 일어날 수 있게 유도해야 한다.

미국수면재단(NSF, National Sleep Foundation)에 따르면 취학 연령 아동(6~13세)의 권장 수면 시간은 9~11시간이다. 최소

7~8시간에서 최대 12시간까지 자는 것은 괜찮지만 7시간 이하 혹은 12시간 이상은 적당하지 않다. 미취학 연령 아동(3~5세)의 경우에는 10~13시간 수면을 권장하고 있다.

한국은 초등학교 고학년만 되어도 사교육에 치여 평균 수면 시간이 9시간도 채 되지 않는다. 통계청에 따르면 초등학교 4~6학년, 중·고등학생의 평일 평균 수면 시간은 7.2시간에 불과했다. 잠을 덜 자는 이유로는 공부를 비롯해 인터넷 이용, 학원 또는 과외 때문이라는 대답이 가장 많았다. 잠을 못 자는 큰 이유가 결국 공부 때문이었던 것이다.

수면만큼 공부에 도움이 되는 것은 없다. 잠을 충분히 자야 머리도 좋아지고 공부도 잘한다는 속설을 과학적으로 입증한 연구 결과가 있다.

미국 메릴랜드대학교 의대 교수팀이 초등학생들의 수면 시간과 뇌 발달 등을 2년간 추적 분석한 결과, 하루 수면 시간이 9시간 미만인 초등학생은 충분히 자는 아이들보다 의사결정, 충동 조절, 기억 등을 담당하는 뇌의 회백질 부분 부피가 뚜렷하게 줄어든 것으로 나타났다. 인지 능력뿐만 아니라 정신적 문제에도 잠이 영향을 미칠 수 있다는 점은 우리에게 많은 것을 시사한다.

우리 집 아이들은 취학 연령 아동을 기준으로 9.5시간 이상을 이상적인 수면 시간으로 정했다. 대체로 9시간 이상 푹 자고 나면 아이의 컨디션이 좋아지는 게 눈에 보였다. 아무리 늦어도 밤 9시만 되면 불을 끄고 잠자리에 누워 책을 읽기 시작했다. 평소보다 취침 시간이 1시간 정도 앞당겨지자 기상 시간도 아침 8시에서 자연스럽게 당겨졌다.

쉬운 일은 아니었다. 처음에는 꿈쩍하지 않는 소의 멱살을 잡고 끄는 기분이었다. 일찍 재워야 한다는 목표에 사로잡혀 아이들을 소몰이하듯 몰아칠 때도 있었다. 시간이 갈수록 수면에 대한 원칙과 기준, 요령과 시스템이 생기면서 일찍 잠드는 날이 조금씩 늘어가기 시작했다. 이제는 특별한 일이 생기지 않는 이상 온 가족이 밤 10시 전 출발하는 꿈나라로 가는 기차에 탑승한다.

오늘은, 새로운 나로 거듭나기 위해,
더 나은 삶으로 발전시키기 위해
지금까지의 나,
지금까지의 삶과 이별하기 가장 좋은 날이다.

__할 엘로드, 《미라클 모닝》 중

chapter 2

부모는 친구가 아니라 부모다

"또, 또!"

한 권만 더 읽어달라는 부탁이 끝나질 않는다. 한 권 읽으면 또 한 권, 또 한 권 읽어주면 다른 한 권. 그렇게 열 권, 스무 권…. 책 읽기는 첫째가 다섯 살이 될 때까지 자정이 넘어야 끝나곤 했다. 늦은 퇴근에 아이와 보내는 시간이 턱없이 부족한 워킹맘은 책 한 권 더 읽고 싶다는 아이의 부탁마저 뿌리칠 순 없었다.

취침 시간은 자연스레 늦어졌다. 더 큰 문제는 책 읽기의 마무리가 늘 좋지 않다는 것이었다. 더 이상 읽어줄 수 없다는 부모와 졸음을 책 읽기로 물리쳐보겠다는 아이의 기 싸움으로 끝나는 날이 더 많았다. 피곤한 채 잠든 부모와 아이는 다음 날 늦은 기상으로 허겁지겁 하루를 시작했다.

그 후로 둘째가 태어났고 자기 전 책 읽기 싸움은 점점 더 치열해졌다. 독차지하던 부모의 사랑을 빼앗겼다고 생각한 첫째는 엄마의 사랑을 시험이라도 하듯이 책을 읽어달라고 졸랐다. 책을 읽어주는 것 자체는 큰 문제가 아니었는데, 책을 끝도 없이 계속 읽어달라고 하니 어떻게 해야 할지 몰랐다.

요구를 거절하는 게 어려웠던 부모는 매일 밤 아이와 전쟁을 치렀다. 둘째가 태어나 모든 게 허둥지둥인데 밤마다 큰아이와 전쟁까지 치러야 한다니…. 그러자 아이에게 책을 읽어주는 일이 힘든 노동으로 여겨지게 되었다. 밤마다 끝도 없는 책 읽기 노동을 할 생각을 하니 퇴근 후에 다시 집으로 출근하는 기분이 들었다.

원칙과 기준이 없는 육아는 대개 이런 식으로 끝이 났다. 처음에는 아이를 위한 마음이 컸다. 하루 몇 시간밖에 보지 않는데 그거 하나 못 들어줄까, 그런 생각이었다. 물론 '몰입 독서'를 위해 아이 대신 부모가 독서의 한계를 정하지 않아야 한다는 주장도 일리는 있다. 수면 시간을 정하다 보면 아이가 독서에 충분히 빠져드는 기회를 놓칠 수 있기 때문이다.

하지만 자기 전 책 읽기의 기준과 취침 시간에 대한 개념과 원칙 자체가 없었던 서툰 엄마는 아이의 요구에 끌려다녔을 뿐, 책을 통한 육아는커녕 책을 통해 지쳐가고 있었다.

더 이상 이렇게 살 수 없다고 생각한 우리는 책 읽기의 원칙과 기준을 정하기 시작했다. 매일 저녁 양치질을 한 후 무조건 세 권의 책을 골라오는 것이다. 아이가 정말 원하면 한두 권 정도는 더 읽어줄 수 있지만, 매일 세 권을 읽기로 기준을 정했다. 아이는 아쉬워했지만 단호한 부모의 태도에 원칙을 금세 받아들였다. 부모가 어떤 마음가짐을 갖느냐에 따라 아이도 얼마든지 바뀔 수 있다는 걸 경험한 순간이었다.

매일 자기 전 세 권만 읽을 수 있다니 아이도 심혈을 기울여 책을 골라 오기 시작했다. 나 또한 이 세 권만큼은 정성을 다해 읽어줄 준비가 되었다. 점차 자기 전 세 권의 책 읽기는 하루를 마감하는 루틴으로 자리 잡혔고, 취침 시간도 일정해지기 시작했다. 아이는 정해진 기준에 따라, 때로는 자신이 원하는 것을 포기하거나 조절해야 한다는 것을 배워갔다.

미국 엄마의 프랑스 육아법 체험기를 다룬 책 《프랑스 아이들은 왜 말대꾸를 하지 않을까》에는 이런 구절이 나온다. "육아의 총사령관은 바로 엄마다." 우리는 육아를 하면서 친구 같은 부모가 되고 싶다는 생각에 진짜 아이의 친구가 되어버린다. 아이의 요구를 수용하고 아이의 눈높이에서 생각하려 노력한다. 하지만 부모는 친구가 아니다. 부모는 부모다.

아이가 책을 읽어달라고 할 때까지 읽어주고, 자고 싶을 때 잠들게 하는 게 아이를 위한 것이라고 착각하던 시절이 있었다. 친구처럼 무엇이든 함께하고 들어주는 다정한 부모가 되고 싶어서였다. 맞벌이 부부로 아이와 많은 시간을 보내지 못하니 그 시간만큼은 아이가 원하는 대로 해주고 싶은 마음이었다. 하지만 원칙과 기준이 없었던 육아는 결국 부모와 자녀 모두를 힘들게 만들었다.

부모는 아이의 의사를 존중하고 아이가 하고 싶은 것을 해줄 수 있게 해야 한다. 여기서 중요한 전제가 있다. 생활 습관을 좌우하는 것만큼은 부모가 전체적인 밑그림을 그려줘야 한다. 이 작업은 아이가 스스로 습관을 절제하고 조절할 수 있을 때까지 부모가 맡아야 한다. 잠들기 전 책 읽는 습관을 만들고, 잠드는 시간을 정하면서 우리 부부는 이것을 배웠다.

우리 말보다 우리의 사람됨이 아이에게
훨씬 더 많은 가르침을 준다.
따라서 우리는 아이들에게 바라는
바로 그 모습이어야 한다.

__조셉 칠튼 피어스

chapter 3

요구하면서 지지하라

엄마는 유치원부터 초등학교 저학년 때까지 5년 가까이 피아노를 배웠다. 하지만 노래 한 곡은커녕 악보를 볼 줄도 모른다. 관심도, 재능도 없었는데 그렇게 오랫동안 다닌 게 신기할 뿐이다. 이 일은 내게 반면교사가 되었다. 아이들의 사교육에는 부모의 욕심을 앞세우지 않으려 최대한 노력한다.

나는 타이거맘도, 스칸디맘도 아니다. 그저 아이의 관심과 특장점을 파악해 그에 맞는 걸 제시하고 아이가 선택하면 꾸준히 하도록 할 뿐이었다. 그런데 아이가 하기 싫다고 하면 어디까지 밀어붙여야 할까, 이 부분은 늘 고민이었다. 좋고 싫음이 분명한 아이에게 부모의 의지만 내세울 순 없지만, 그렇다고 아이가 좋아하는 것만 하도록 내버려 둘 수는 없다. 이 지점에서 무게 중심을 잡는 게 참 어렵다.

《그릿》의 저자 앤절라 더크워스는 아이를 존중하고 지지하는 부모와 원하는 걸 이룰 때까지 요구하는 부모는 전혀 다른 길이 아니라고 주장한다. 쉽게 말하면 지지하면서 요구도 할 수 있는 부모가 될 수 있다는 것이다.

이를 뒷받침하기 위해 그는 양육 방식을 지지와 요구의 정도에 따라 네 가지로 나누었다.

- 현명한 양육 방식: 지지하면서 요구한다.
- 독재적 양육 방식: 요구만 하고 지지는 하지 않는다.
- 허용적 양육 방식: 지지하지만 요구는 하지 않는다.
- 방임적 양육 방식: 지지도, 요구도 하지 않는다.

저자는 많은 요구를 하는 동시에 지지해주는 현명한 양육 방식에 주목한다. 이 방식은 권위적으로 보이는 '독재적 양육 방식'과 자주 혼동하곤 한다. '현명한 양육 방식' 유형의 부모들

《그릿》의 4가지 양육 방식

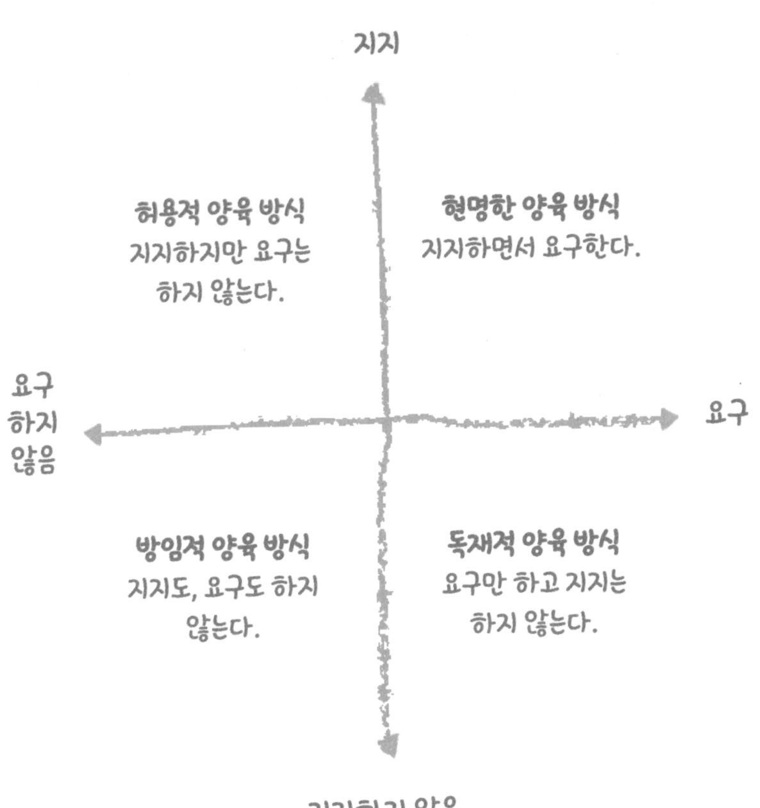
지지
허용적 양육 방식
지지하지만 요구는 하지 않는다.
현명한 양육 방식
지지하면서 요구한다.
요구 하지 않음
요구
방임적 양육 방식
지지도, 요구도 하지 않는다.
독재적 양육 방식
요구만 하고 지지는 하지 않는다.
지지하지 않음

은 자녀의 심리적 욕구를 정확하게 판단하고 자녀의 잠재력을 최대한 실현하려면 사랑, 한계, 자유를 필요로 한다는 점을 인식하고 있다. 그는 이 양육 방식이 자녀들의 그릿, 즉 열정적 끈기를 기르기에 가장 적합한 방식이라고 말한다.

수면 습관을 들이는 것도 비슷하다. 일찍 자야 할 이유가 분명하다면 무턱대고 지시하는 것은 권위적 양육 방식일 뿐이다. 현명한 양육 방식이 되려면 수면과 관련된 원칙과 기준을 세운 후, 아이의 컨디션을 살펴가며 환경을 갖춰야 한다. 가장 좋은 방법은 일찍 자고 일찍 일어나라고 말로 지시하기보다 부모가 함께 행동하는 것이다.

일찍 자기 위한 환경 갖추기

우리는 요구하면서 지지하는 현명한 양육을 하는 부모가 되고 싶었다. 일찍 자고 일찍 일어나는 원칙과 기준을 확고하게 세웠다면 아이들이 자연스럽게 받아들이고 따르도록 응원해주고 싶었다. 무엇보다 함께하고 싶었다. 그러려면 일종의 '기술'이 필요했다. 가장 손쉬운 방법은 아이들이 행복하게 잠들 수 있는 수면 환경을 조성하는 것이다.

일찍 자기 위해 우리는 밤 9시 이전에 집 안의 모든 조명을 어둡게 했다. 불을 밝게 켜두면 단언컨대 아이들은 절대 잠자리에 들지 않는다. 엄마와 아빠가 불을 끄며 집 안 전체를 어둡게 한다는 것은 이제 잘 시간이 되었다는 신호를 보내는 것이었다. 양치질을 하고 책을 고를 시간이 됐다고 행동의 스위치를 켜주는 것이었다.

잠자리를 쾌적하게 만드는 것도 중요한 일이다. 이불 두께가 적당한지, 방 안의 온도와 습도가 알맞은지 등을 정비한다. 여름이면 벌레에 물려 잠을 설치지 않도록 모기향을 피우고, 건조한 가을과 겨울에는 가습기를 적절하게 사용한다.

부자들이 성공의 루틴으로 꼽는 '기상 직후 잠자리 정리'처럼 '취침 전 이부자리를 갖추는 일'도 중요하다. 하루의 시작만큼 하루의 마무리도 중요하기 때문이다.

그다음으로는 아이들과 책을 읽었다. 첫째는 양치 후 하나의 습관으로 굳어진 영어책 읽기를 마치고 자신이 읽고 싶은 책을, 아직 어린 둘째는 엄마와 함께 고른 세 권의 책을 읽었다. 그 후에는 나란히 침대에 누워 하루에 있던 일을 얘기하며 잠이 든다. 오늘 하루 있었던 즐거운 일을 한 번 더 떠올리고 내일 무슨 일이 있을지 머릿속으로 그려보면서 말이다.

취침과 기상 시간에 대한 개념이 없었을 때는 매일매일이 하루라는 책의 마지막 장을 허겁지겁 덮는 기분이었다. 취침 전 시간이 하루 가운데 가장 전쟁 같은 시간이었다. 빨리 재우는 데에만 몰두해 고성과 짜증이 오가기도 했다. 지친 몸을 얼른 뉘어야겠다는 생각에 아무 이불이나 덮고 자면 그만이라고 생각했다.

미라클 모닝 이후 달라졌다. 취침 전 시간을 마치 감명 깊게 읽은 책의 마지막 페이지를 덮듯이 소중히 대했다. 서둘러 덮으려 하기보다 인상적으로 읽었던 구절을 곱씹어보거나 책의 주제를 다시 한번 생각한다.

물론 쉽지 않은 과정이었다. 에너지 넘치는 아이들은 단지 어두워졌다는 이유만으로 조용히 욕실로 향하지 않는다. 훈련소처럼 '밤 9시 전 소등'을 실행하고, 잠자리를 아무리 쾌적하게 바꾸어도 여전히 아이들은 쉽게 잠을 자려 하지 않았다. 그래도 소득이 없는 건 아니었다. 포기하지 않고 수면의 프로토콜을 반복하니 아이들이 잠들기까지 시간이 조금씩 줄어들었다.

수면, 세면, 식사 등 우리는 살면서 가장 기초가 되는 필수 행동을 한다. 이때 필요한 건 잘할 필요가 없다는 생각이다. 그저 꾸준히 오래 하면 된다. 기본적인 생활 습관을 내 것으로 만들려면 습관의 질에 대해서는 큰 공을 들이지 않는 편이 좋다. 그러면 지속할 수 없다. 대신 우리에게 필요한 것은 습관의 횟수다. 매일 아무 생각 없이 일어나 양치하고 세수하는 것처럼 그냥 하기만 하면 된다.

내 아이의 미래를 생각하기 때문에
아이에게 상처를 주게 됩니다.
다 버리고,
오늘 하루라도 행복하게 해주세요.

__오은영

아침을 깨우는 가장 현실적인 방법

"어떻게 하면 우리 아이들을 잘 깨울 수 있을까?"

이 질문에 대해 한 번도 진지하게 생각해본 적이 없었다. 아이들은 엄마와 아빠가 출근한 이후에나 일어났다. 부끄러운 이야기지만 아이들을 깨우는 것은 부모의 몫이 아니었다.

다행히 아이들은 학교를 가야 할 시간이 되면 별 탈 없이 일어났다. 문제는 그게 아니었다. 아이들의 미라클 모닝을 위해서는 밤 10시 전 잠자리에 든다는 전제 아래, 평소보다 최소 30분 일찍 일어나야 했다. 그것도 기분 좋게 말이다.

여기에 마지막 관문이 하나 더 있다. 하루의 중요한 돌멩이(과제)를 수조 속에 먼저 넣는 것이다. 이 시간에는 신문이나 책을 읽거나 중요한 학교 과제, 집중력을 필요로 하는 강의 듣기나 문제집 풀기 등을 할 수 있다. 그리고 하루의 중요한 일을 아침에 해냈다는 성취감으로 하루를 시작한다.

자녀의 미라클 모닝 체크리스트

전날 밤 10시 전에 잠자리에 든다.	
평소보다 30분가량 일찍 일어난다.	
기분 좋게 상쾌한 아침을 맞이한다.	
기상 후 중요한 돌멩이를 수조 속에 넣는다.	
성취감으로 하루를 시작한다.	

완벽한 미라클 모닝을 위해서는 창의적이고 현실적인 방법이 필요했다. 무엇보다 하는 것 자체가 재미있어야 했다. 아침에 조금 일찍 일어나는 것이 아이에게 고역이 되지 않으려면 일종의 넛지(nudge)가 필요했다.

넛지는 팔꿈치로 슬쩍 찌르거나 그런 동작을 뜻하는 말로, 더 나은 선택을 하도록 유도하는 행동이나 장치, 정책을 말한다. 동명의 책 《넛지》에서는 여러 넛지 가운데 좋은 선택을 설계하는 최종 요소는 재미라고 주장한다. 이 책에 소개된 마크 트웨인의 소설 《톰 소여의 모험》을 예로 들어보자.

톰은 이모에게 울타리를 흰색 페인트로 칠하는 벌을 받는다. 톰은 꾀를 내어 이 일이 매우 재미있고 짜릿한 일인 것처럼 포장했다. 친구가 페인트칠을 해보고 싶다고 부탁하자 그는 이처럼 재미있는 일은 양보할 수 없다며 거절했다. 그러자 다른 친구들까지 페인트칠을 하겠다며 줄을 서는 풍경이 벌어졌다.

이 책의 교훈처럼, 사람들이 일을 하고 싶게 해야 한다면, 그 일을 재미있게 만드는 것만큼 좋은 방법은 없다. 엄마와 아빠는 잠에서 깨기 위해 매일 새벽마다 커피를 내렸다. 어두컴컴한 새벽 공간에 커피 향이 퍼지자 집 안은 순식간에 카페로 변신했다. 마치 여행지의 카페로 공간 이동한 느낌이었다. 그때부터 아침 일찍 일어나는 게 설레었다. 어떤 날에는 전날 밤부터 어떤 커피잔에 무슨 종류의 원두를 마실지 생각하며 잠이 들었다.

커피를 내리다 보면 후각뿐만 아니라 미각, 촉각, 청각

등 다양한 감각을 자극할 수 있다. 로스팅된 커피 원두를 그라인더에 넣고 돌리다 보면 촉각이 깨어나고 원두가 갈리는 소리에 청각이 깨기 시작한다.

곱게 갈린 원두를 드리퍼에 넣고 뜨거운 물을 붓는 순간, 커피 향이 순식간에 퍼지며 후각을 자극한다. 활화산처럼 원두 가루가 부풀어 올랐다가 꺼지는 장면은 시각에 신선한 자극이다. 마지막 화룡점정은 40년 된 앤티크 잔에 담긴 커피를 마시는 일. 특유의 산미와 쓴맛, 단맛이 어우러진 커피 한 모금을 혀끝으로 온전히 느끼는 것이다.

스스로 아침에 어떤 이미지를 부여하느냐에 따라 누군가의 새벽은 일어나기 힘든 시간이지만, 다른 누군가에게는 설레는 시공간이 될 수 있다.

흘려듣기와 어루만지기

새벽 커피를 통해 오감을 깨운 것처럼 아이에게도 비슷한 방식을 적용해보기로 했다. 여러 감각을 깨워보는 것이다.

그때 떠오른 것이 어릴 적부터 해오던 엄마표 영어 과제 가운데 '흘려듣기'였다. 영어 노래나 DVD의 음원을 자연스럽게 소리로 듣는 것인데, 귀찮다는 이유로 꾸준히 들려준 적이 거의 없었다. 이번 기회에 전날 재미있게 본 영상이나 평소 좋아하는 노래를 틀어 아이들을 깨워보기로 했다.

그다음으로 생각한 것이 촉각 깨우기였다. 바쁘게 살다 보면 아이들을 안고 만져볼 기회가 생각보다 많지 않다. 아침은 아무런 이유 없이 아이들을 어루만져줄 수 있는 특별한 시간이다. 아침마다 고정 시간을 확보해 아이들의 얼굴을 쓰다듬거나 기지개해주면 잠도 깨우고 친밀감도 강화될 수 있다.

신나는 음악과 기분 좋은 마사지. 일어날 수밖에 없는 최적의 조건이라고 생각했는데 현실은 그렇지 않았다. 이 방법으로는 아이들을 깨우는 데 역부족이었다. 흘려듣기는 처음 며칠 동안만 아이들이 잠을 깨는 데 도움을 줬을 뿐이다. 모닝 마사지 또한 잠 깨우기를 위한 충분조건은 되지 못했다. 두 방법 모두 실패했지만 아침을 재미있게 깨울 수 있는 방법을 찾아낸 것으로 만족해야 했다.

최고의 아침 깨우기 '넛지'

아침부터 음악을 틀고, 사랑의 마사지를 해도 아이들이 좀처럼 일어나지 않던 어느 날이었다. 깨우다 지친 엄마는 새벽에 배달된 신문을 펼쳐 소리 내 읽고 있었다. 기자인 엄마는 매일 아침 신문을 읽는 게 업무의 시작이자 20년 가까이 꾸준히 유지하고 있는 아침 습관이다.

엄마: 오늘도 전쟁 소식이네. 이 사진은 뭐지? 어머, 한 남자가 러시아군의 탱크 앞에서 무릎을 꿇고 있네.

그 순간 안방에서 쿨쿨 자고 있던 첫째가 동그랗게 눈을 뜬 채 거실로 나와 물었다.

아들: 누가? 누가 무릎을 꿇어?
엄마: 응, 러시아가 우크라이나를 공격해 전쟁이 난 건 알고 있지?
아들: 응, 학교에서 들었어.
엄마: 우크라이나에 살고 있는 한 남자가 마을에 침입하지 말라고 러시아 탱크 앞을 가로막고 있는 거야. 정말

끔찍하지 않니?

아들: 진짜 그렇네. 그래서 이 남자는 어떻게 됐어?

엄마: 모르지, 꼭 살아 있었으면 좋겠다.

아들: 그러게.

엄마와 오빠의 대화가 이어지자, 잠에서 깬 둘째가 슬며시 방에서 나와 엄마의 무릎 위에 앉았다. 엄마는 기쁜 나머지 웃음을 감출 수 없었다.

"바로 이거다!"

매일 아침 신문 읽기는 아이들이 기분 좋게 하루를 여는 창의적인 방법이었다. 시끄럽게 소리치며 아이들의 아침을 깨우지 않아도, 아이들의 호기심을 자극하는 신문 읽기로 기상과 상식 두 마리 토끼를 잡을 수 있었다. 엄마가 발견한 최고의 넛지였다.

그 후로도 부모와 자녀들은 아침마다 신문을 읽으며 하루를 시작했다. 한국형 발사체인 누리호나 한국 최초 달 탐사선 다누리호 등을 다룬 과학 기사를 비롯해 우크라이나와 러시아 간 전쟁 이슈, 전 세계가 겪고 있는 인플레이션 이슈, 환경문제 등 신문을 통해 나눌 수 있는 이야기는 무궁무진했다.

특히 신문에는 항상 사람 이야기를 다루는 고정 지면이 있다. 신문만 펼쳐도 아이들은 평소에 보기 어려운 유명인이나 뭉클한 사연을 가지고 있는 평범한 사람들을 만날 수 있다.

어느 날 심장병을 앓고 있는 사람에게 돼지 심장을 이식했다는 뉴스가 눈에 띄어 아이와 함께 읽었다.

"돼지 심장을 가진 사람은 인간일까, 돼지일까?"

질문이 꽤 어려웠던지 아이는 "모른다"라고만 답했다. '별 흥미를 못 느꼈겠네' 하고 지나쳤는데 몇 주 후 아이가 이런 이야기를 들려주었다.

"엄마, 오늘 토론 수업을 하는데 그때 읽었던 돼지 심장을 가진 사람 이야기를 했어."

그러고 나서 얼마 후, 이번에는 특수 약물을 몸속에 넣었더니 죽은 돼지 심장이 다시 뛰었다는 뉴스가 나왔다. 돼지 심장에 대한 보도를 기억한 아이는 비슷한 뉴스가 나오자 평소보다 흥미롭게 기사를 읽었다.

신문 기사가 통하지 않을 때도 있다. 스마트폰이 지배하는 세상에서 태어난 아이들에게 이제는 유물이 된 공중전화 이야기는 별 흥미를 일으키지 못한다. 아이들이 항상 신문을 재미있게 읽을 거란 기대는 처음부터 하지 않는 게 좋다. 그저 신문을 지루하고 어렵다고 생각하지 않고 생활 속에서 자연스럽게 접하는 것만으로 충분하다.

그날 신문 기사가 아이의 흥미를 끌지 못한다면 전날 방송 뉴스 가운데 아이가 관심 있을 만한 꼭지를 아침에 보여주는 것도 좋은 대안이 될 수 있다. 이럴 때는 아이들의 눈을 번쩍 뜨게 할 만한 해외 토픽이나 동물이 등장하는 뉴스 꼭지가 도움이 된다.

유머는 위대하고 은혜로운 것이다.
유머가 있으면 우리의 모든 짜증과 분노가
사라지고 대신 명랑한 기운이 생겨난다.

__마크 트웨인

나쁜 습관으로 빠질 시간을 주지 않는다

좋은 습관의 시작과 나쁜 습관의 종식. 이것의 열쇠는 부모에게 있다. 아이들이 외롭지 않게 함께 어울리고 모범을 보여주는 모습이 책 좀 읽으라고 던지는 한마디 말보다 영향력이 크다. 책을 읽고 공부하는 것이 어떤 숙제나 미션이 아닌 생활 그 자체가 될 수 있도록 환경을 만들고, 부모가 모범이 되는 모습을 꾸준히 보여준다면 아이들도 반드시 반응할 것이라고 믿는다.

아이들이 그만두었으면 하는 나쁜 습관, 예를 들어 스마트폰 만지작거리기 등은 어떻게 고칠 수 있을까? 저마다 처한 상황과 환경이 다르기에 모두에게 공통적인 완벽한 정답은 없겠지만, 그 답을 '아이들과의 대화'에서 찾고 싶다.

직장에서 피곤한 몸을 이끌고 집으로 돌아왔는데 아이들이 학교나 유치원에서 있었던 일들을 신나게 늘어놓는 경험을 다들 해봤을 것이다. 이때 피곤하다는 이유로 아이들을 외면하기 시작하고, 이것이 반복되면 아이들과 부모의 대화는 서서히 단절된다. 거기에 "숙제해라", "이거 하지 마라", "저거 그만해라"는 말만 부모가 반복한다면 아이의 방문마저 굳게 닫힐 것이다. 굳게 닫힌 방문 안에서 자녀들이 무엇을 하고 있을지는 불 보듯 뻔하다.

나이키의 경쟁자는 넷플릭스라는 말이 있다. 전혀 다른 업종의 두 기업이 서로 어떻게 경쟁자가 되었을까? 사람의 시간은 유한하기 때문에 밖에서 운동하든 집에서 영화를 보든 둘 중 하나를 택하면 나머지를 할 수 있는 시간이 없다. 나쁜 습관으로 빠지지 않도록 막아주는 것도 이와 유사하다. 다른 행동을 통해 나쁜 습관으로 빠질 시간을 주지 않는 것이다.

그렇다면 어떤 방법으로 그 시간을 넷플릭스가 아닌 나이키(혹은 반대) 쪽으로 돌릴 수 있을까?

경험해보니 자녀들과 대화를 많이 나눌수록 아이들이 행복해 보였으며, 덤으로 나쁜 습관으로 이어지는 연결고리까지 차단할 수 있었던 것 같다.

대화의 주제는 어려울 필요가 없다. 그날 있었던 좋았던 일이나 좋지 않은 일, 주말에 계획된 할 일이나 여행, 요즘 아이가 관심 있어 하는 것 등 시시콜콜한 무엇이든 상관없다.

대화를 통해 아이가 마음을 열고 스스로 자랑하고 싶게 만드는 것이 목적이다. 그렇게 되면 아이들은 부모와 대화를 하면서 스스로 뿌듯해하고 행복해지면서 자존감까지 올라간다. 거기에 휴대전화 사용 시간까지 덤으로 줄일 수 있다.

아이들이 스마트폰이나 게임을 하려는 것도 결국 심심하기 때문이다. 스마트폰과 게임이 무조건 나쁘다는 말은 아니지만 집에서 하는 다른 행동들이 심심하지 않고 정말로 재미있다고 느껴지고 몰입할 수 있다면 다른 것(나쁜 습관으로 진입)을 찾지 않고 절제할 수 있는 힘을 갖는다.

그 재미를 느끼려면 매일 똑같은 행동이라고 할지라도 부모와 즐거운 대화를 나누면서 스스로 신이 나도록, 고래가 춤을 추게끔 판을 깔아줄 필요가 있다.

퇴근 후 심신이 피곤하겠지만 아이가 걸어오는 말 한마디를 놓치지 말고 들어주자.

대화는 당신이 배울 수 있는 기술이다.
그건 자전거 타는 법을 배우거나 타이핑을 배우는 것과 같다.
만약 당신이 그것을 연습하려는 의지가 있다면,
당신은 삶의 모든 부분의 질을 급격하게
향상시킬 수 있다.

__브라이언 트레이시

이웃집 미라클 모닝 이야기

언스쿨링과 플로깅하는 4남매 가족

이자경, 이경용 씨 부부는 매일 새벽 일어나 열두 살, 열 살, 여덟 살, 다섯 살짜리 4남매와 함께 플로깅을 하고 있다. 플로깅이란 '줍다'와 '조깅하다'를 합친 말로 쓰레기를 주우며 조깅하는 것을 뜻한다. 플로깅 전도사인 엄마는 아이들과 함께하는 플로깅의 경험을 담은 책 《나는 아름다워질 때까지 걷기로 했다》를 출간했다.

바쁜 삶을 뒤로 한 채 현재 경북 영천에 살고 있는 부부는 학교나 유치원 대신 집에서 아이들 스스로 배우는 '언스쿨링(un-schooling)' 방식으로 자녀를 기르고 있다. 아이들은 자연과 형제, 가족을 벗삼아 배우고 공부하지만, 매일 새벽에 일어나 삶을 가꾸는 부모로부터 가장 많은 것을 배우는 듯하다.

Q. 부모의 이른 기상이 자녀에게 영향을 주었나요?

"넷째를 임신했을 때 잠이 많다 보니 아침 8~9시에 일어났어요. 아이들도 그때는 7~8시에 일어났으니 부모의 영향이 크다고 할 수 있겠죠. 저희 부부는 애들이 밤 9시에 잠들면 아무리 늦어도 10시 전에는 잠자리에 듭니다."

Q. 자녀들의 아침 스케줄이 궁금합니다.

"새벽 5시부터 한 명씩 일어나 거실로 나오기 시작해요. 아이들은 그때부터 책을 읽거나 그림을 그리고요. 요즘에는 500조각 퍼즐 맞추기에 빠져 있어요. 아침에는 자유롭게 하고 싶은 것을 하도록 합니다. 언스쿨링을 6년 가까이 하다 보니 규칙적인 생활과 습관을 갖추는 것 또한 중요하다는 생각이 들었어요.

그래서 요즘에는 아침 식사 후 루틴을 만들기 시작했어요."

Q. 어떤 루틴일까요?

"아침을 먹은 후 아이들은 매일 오전 1시간씩 책을 읽어요. 두 살 터울인 첫째와 둘째가 책을 같이 읽으면서 엄마도 책에 대한 이야기를 함께 나누죠. 어른들이 독서모임 하는 것처럼 책에 나오는 문장이나 주제에 대한 생각을 함께 나눕니다. 이외에도 산이나 밖으로 나갈 때마다 다양한 이야기를 하며 생각을 확장시키는 연습을 하고 있어요. 동시를 짓기도 하고요."

Q. 플로깅에 이어 아이와 함께 달리기를 시작한 계기가 있을까요?

"부부가 매일 새벽에 일어나 30분씩 달리고 들어올 때마다 아이들이 그 모습을 보게 되었어요. 알게 모르게 동기부여가 된 것 같아요. 엄마 아빠가 마라톤 대회에 나갔을 때 아이들이 응원을 왔는데, 5km 코스를 또래 친구들이 뛰는 것을 보고 자기들도 뛰고 싶다고 했어요. 그 이후로 겨울 동안 매주 연습하더니 4개월 만에 5km 코스를 완주했어요."

Q. 아이들이 일찍 일어나는 데 어려움은 없나요?

"아이들에게 이 질문을 했더니 '일찍 자야 일찍 일어난다'라고 하네요. 언제부터인지 기억도 안 날 정도로 아이들이 자연스럽게 일찍 일어나게 되었어요. '언제부터 일찍 일어났어요?'라고 물어보면 '태어났을 때부터'라고 대답합니다."

Q. 자녀들은 이른 기상에 대해 어떻게 생각하는지요.

"인터뷰 전 아이들에게 일찍 일어나서 어떠냐고 물어보니 '해야 할 일을 미리 다 해서 맡을 일이 줄어든다', '일찍 일어나면 많은 일을 하게 되어서 뿌듯하다', '아침 바람이 상쾌하다', '그런데 너무 졸려요' 이런 반응이었어요."

Q. 일찍 일어나는 게 힘든 사람들에게 해주고 싶은 이야기가 있다면 말씀해주세요.

"나만의 시간을 가지려 일찍 일어났는데 아이들도 일찍 일어나게 되면 내 시간을 방해받는 느낌이 들어요. 그때부터 우선순위를 정해야 한다고 생각했어요. 나를 위해 책을 몇 쪽 읽는 것보다 아이들과 기분 좋게 아침을 시작하는 것을 1순위로 선택했죠. 그렇게 우선순위를 아이들에게 두고 나니 방해받고 있다는 마음이 사라졌어요."

아이가 걸어오는 소중한 말 한마디

4부

공부 습관을 기르는 아이를 위한 미라클 모닝

—

이 '시간 그릇'이 만들어지지 않으면
습관은 작심삼일처럼 들쭉날쭉해진다

습관 짝짓기로 성공한 엄마표 영어

첫째가 초등학교에 입학하면서 우리 집은 '엄마표 영어'를 시작했다. 그때 참고한 책이 《새벽달 엄마표 영어 20년 보고서》 엄마표 영어란 영어 그림책과 영어 영상물을 재료 삼아 0~12세 어린이에게 영어 소리를 꾸준히 의미 있게 들려줌으로써 아이가 영어를 모국어처럼 자연스럽게 습득하도록 도와주는 것이다.

혼자서는 끈기 있게 할 자신이 없어 3년 넘게 엄마표 영어센터의 도움을 받고 있다. 가족이 함께 매주 센터에 들러 영상물과 영어책을 빌려오고 일주일간 학습한 것을 피드백 받는 식이다.

엄마표 영어 '게으른 성공기'

처음부터 엄마표 영어를 할 생각은 아니었다. 매일 일찍 출근하고 늦게 퇴근하는 부모에게 엄마표는 언감생심이었다. 하지만 아이가 일곱 살 때 대형 프랜차이즈 영어 학원에 레벨 테스트를 보러 갔다가 발음이 왜 이렇게 나쁘냐는 핀잔을 듣고 마음을 접었다. 알게 모르게 비교와 평가를 받으면서 아이가 영어를 재미있게 배울 거란 확신이 들지 않았다.

엄마와 아빠는 《성문 기본 영문법》과 《우선순위 영단어》로 영어를 공부한 세대다. 30년 가까이 학원을 다니거나 과외도 받고 영어권으로 연수까지 다녀왔지만 영어 실력은 늘 제자리였다. 이유는 영어를 언어가 아닌 시험 과목의 하나로 생각했기 때문이다.

학창 시절 영어는 대학수학능력시험 과목의 하나였고, 대학 때 영어는 취업을 위한 하나의 관문이었다. 그러다 보니 듣고 말하기보다 시험에 필요한 읽기와 쓰기에만 집중해 '절름발이 영어'가 되었다.

우리 아이들은 누구보다 재미있고 놀이처럼 영어를 배우길 바랐다. 시험 과목이 아닌 누군가와 소통할 수 있는 또 다른 언어가 되길 원했다. 이를 위해 부모가 해줄 수 있는 방법은 외국으로 나가는 것이었지만 경제적 여건이 되지 않았다.

한글이라는 모국어가 자리 잡히는 게 우선이라고 생각해 영어 유치원은 선택지에서 제외했다. 주어진 조건에서 할 수 있는 최선의 방법은 엄마표 영어였다.

그렇게 엄마표 영어를 하겠다고 결심했을 무렵, 주변 엄마들의 조언에 잠시 마음이 흔들렸다. 아이와 놀아줄 시간도 없는데 괜찮겠냐는 걱정부터 엄마표 영어를 중간에 그만두면 나중에 학원 보내기도 애매하다는 현실적인 조언까지, 다들 일리가 있었다. 특히 엄마표 영어를 하다가 아이와 사이만 나빠졌다는 실제 경험담을 듣게 되자 마음이 자꾸 갈팡질팡했다.

엄마표 영어에 관한 책에서도 엄마표 영어의 전제 조건으로 아이와의 관계를 이야기한다. 새벽달이라는 필명으로 엄마표 영어를 전파해온 남수진 작가는 "제대로 된 엄마표라면 아이의 거부, 아이의 풀린 눈빛이 중요한 신호라는 것을 알아차리고 존중하고 멈춰야 한다"고 조언한다.

이처럼 영어라는 목표를 향해서만 가면 엄마표 영어는 절대 성공할 수 없다. 아이의 성장 과정을 기다려주는 것이 최선이었듯이 아이가 귀와 눈으로 영어를 쌓아가는 과정을 기다려줘야 한다. 그 과정에서 아이에게 어떤 영어 콘텐츠를 제시할지 고민하는 게 엄마의 역할이다.

주변의 우려를 뒤로하고 우리 집은 2020년 초부터 엄마표 영어를 시작했다. 섣불리 판단하기 어렵지만 부모의 기준에서 보면 엄마표 영어는 현재까지 순항 중이다.

처음 시작할 때 우리는 세 가지 목표를 세웠다.

첫째, 잘하는 것보다 꾸준하게 할 것
둘째, 느슨하더라도 재미있게 할 것
셋째, 엄마표 영어를 통해 아이를 이해하고 관계를 돈독히 할 것

그런 면에서 아이는 느리지만 꾸준히 하고 있고, 즐겁게 하고 있으며, 엄마표 영어를 통해 부모는 아이의 취향과 관심을 더 세세하게 파악할 수 있게 됐다.

엄마표 영어를 하면서 아이의 성장은 계단식으로 이뤄진다는 것을 깨달았다. 1년 차 프로그램 중 하나가 그림 영어 사전에 나온 단어의 뜻을 듣고 따라 하는 것이었다. 약 1,000개 단어를 10회 반복해야 1년 차 수료가 되는데, 첫째는 2년 가까이

걸렸다. 한 번에 30~40개 단어의 뜻을 소리가 들리는 대로 따라 하는 게 아이 입장에서는 무척 지루한 일이었다. 그걸 잘 아는 부모도 강제할 수 없었다. 일주일에 한두 번만 해도 다행이라고 생각했다.

비슷한 시기에 엄마표 영어를 시작한 아이들이 2년 차, 3년 차를 시작하는 걸 볼 때마다 불안하지 않았다면 거짓말일 것이다. 그때마다 마음을 가라앉히고 엄마표 영어의 처음 목적부터 생각했다. 정해진 센터의 일정대로 따라가기 위해 아이를 다그치면 부모와 관계만 나빠질 뿐이었다. 그렇게 흥미를 잃어버리면 어느 날 갑자기 그만두겠다고 할지도 몰랐다.

조금 늦어지더라도, 엄마표 영어의 큰 줄기가 영상물 보기와 영어책 읽기라는 점을 되새기며 아이가 재미있게 몰입할 수 있는 콘텐츠를 찾아주도록 노력했다. 아이가 해적에 꽂혀 있을 땐 피터팬, 후크 선장 등 해적과 관련한 영상과 책을 찾아주었다. 이 과정을 통해 아이는 〈그린치〉의 그린치, 〈스폰지밥〉의 스폰지밥, 〈맥스 앤 루비〉의 맥스, 〈호리드 헨리〉의 헨리처럼 사랑스러운 악역이나 악동 캐릭터를 좋아한다는 사실도 덤으로 알게 되었다. 아이의 관심과 기호를 알게 되니 평소 이해되지 않던 아들의 행동들이 퍼즐을 맞춘 것처럼 하나씩 맞춰지기 시작했다.

포기하지 않고 단어 따라 하기 10바퀴를 끝낸 아이는 1년 차 과정을 2년 만에 수료했다. 1년 차 최종 테스트 날, 부끄럼 많고 숫기 없던 아이가 누구보다 씩씩하고 큰 소리로 시험을 통과했다는 이야기를 들었다. 지난한 과정을 딛고 아이가 한 단계 점프한 것 같아 뿌듯했다.

어느새 아이는 영어 애니메이션을 누구보다 좋아하고, 한국어 더빙보다 영어로 듣는 것에 익숙해졌다. 매일 밤 〈리더스북〉 원서를 킥킥거리면서 읽을 수도 있게 되었다. 해외로 여행을 다녀올 때마다 요즘 인기 있는 최신 영상을 찾아오는 기쁨도 생겼다.

듣는 귀와 눈은 조금 트였지만, 말하고 쓰는 아웃풋을 기대하기에는 여전히 갈 길이 멀다. 그래도 꾸준히 하다 보면 결국 된다는 경험을 얻었으니, 이 방향이 맞을 거라는 확신이 생겼다.

엄마표 영어의 핵심은 '축적의 힘'이다. 매일 하는 작은 습관들이 꾸준히 모여 귀와 눈과 입에 새겨지는 것이다. 부모에게는 엄마표 교육 자체에 대한 긍정적인 성공 경험을 얻은 것이 큰 소득이었다.

아이 입장에서는 매일 영상보기, 책 읽거나 듣고 따라 하기, 매주 일지 쓰기라는 영어 루틴이 생기면서 인생의 첫 습관을 들이는 데 성공했다. 아이도 처음이었지만 부모도 처음 경험한 엄마표 습관이었다. 우리는 여기서 얻은 노하우를 바탕으로 다른 습관들도 만들어보겠다는 자신감을 얻을 수 있었다.

엄마표 영어로 터득한 '습관 짝짓기'

엄마표 영어의 큰 축 가운데 하나인 청독(집중 듣기)은 아이가 음원을 들으면서 영어 텍스트를 읽는 과정이다. 영상을 보는 것은 엄마가 없는 방과 후에 아이 스스로 했지만, 청독은 그러지 못했다. 일주일에 매일 하는 게 원칙인데 한두 번 할까 말까였다. 그도 그럴 것이 부모가 집에 오면 다른 숙제들을 챙기느라 청독은 늘 뒷전이었다.

왜 이렇게 습관으로 자리 잡히는 게 어려웠을까?

곰곰이 생각해보니 어떤 행동을 습관으로 만들기 위해서는 그 습관을 충분히 할 수 있는 시간을 할애해야 한다. 마치 음식을 담으려면 그릇이 필요한 것과 마찬가지다. 운동을 습관으로 만들고 싶다면 가장 먼저 할 일은 운동을 꾸준히 할 수 있는 고정 시간을 만드는 것이다. 이 '시간 그릇'이 만들어지지 않으면 습관은 작심삼일처럼 들쭉날쭉해진다.

우리 집 아이들은 자기 전 양치질을 하고 책을 읽는 습관을 어릴 적부터 가지고 있었다. 양치질은 이가 썩지 않으려면 반드시 해야 하는 일이었고, 책 읽기는 일하는 부모가 아이와 자기 전 함께할 수 있는 유일한 것이었다.

아이들에게도 이 두 가지는 당연히 해야 하는 습관으로 정착되었다. 그래서 양치질과 책 읽기 사이에 영어책 청독을 끼워 넣기로 해보고 아이를 불러 이야기했다.

"긍룡아, 우리가 매일 집중 듣기를 해야 하는데 매번 까먹거나 시간이 없어서 못 하잖아. 그래서 생각해봤는데 매일 양치 후에 집중 듣기를 하고 책을 읽는 거야. 어때?"

첫째는 다행히 집중 듣기 자체를 싫어하지 않았다. 저녁을 먹고 놀거나 쉬고 있을 때 집중 듣기를 하자고 하면 그게 귀찮고 싫었을 뿐이었다.

하고자 하는 것의 시간대와 순서를 정한 후, 원래 있던 습관에 '짝짓기'를 해주니 자연스럽게 새로운 습관으로 정착되었다.

기대 이상으로 자연스럽게 청독 습관을 들이게 되자 우리는 토요일 아침에도 이 습관 짝짓기를 적용해보기로 했다. 첫째가 3학년이 되면서 생긴 주말 루틴은 '기상 후 30분씩 게임하기'였다. 피할 수 없으면 즐기자는 취지로 아이와 협상을 통해 주말 이틀간 30분씩 게임을 할 수 있게 한 것이다.

토요일에는 엄마표 영어센터에 가기 때문에 그전에 일주일간 영어 학습 일지를 써야만 했다. 그런데 늘 일지를 쓸 시간이 없어 빈 칸으로 가져가기 일쑤였다. 게임 시간 다음에 일지 쓰기를 새로운 습관으로 짝짓기하니 어느새 하나의 루틴이 되었다.

엄마에게도 이 습관 짝짓기는 유효했다. 엄마는 기상 후 가장 먼저 하는 일이 거실 창문을 열고 인증샷을 찍는 것이다. 새벽 기상을 꾸준히 기록하고 오래 지속하기 위해 시작한 인증샷은 어느새 반드시 해야 하는 습관이 되었다.

그 이후 체중 재기와 약 먹기처럼 습관으로 만들고 싶었지만 잊어버리기 쉬운 일들을 인증샷 다음으로 배치했다. 그랬더니 자연스럽게 이 습관 3종 세트는 기상 후 고정 루틴이 되었다.

뭔가 꾸준히 해보고 싶은 습관이 있는가? 그렇다면 원래 있는 습관 다음에 새로운 습관을 쌓는 습관 짝짓기를 시도해보자. 굳이 시간을 내지 않아도 자투리 시간을 활용해 습관으로 정착시킬 수 있다. 매일 꼬박꼬박 해야 하는데 자꾸 잊어버린다고 자신의 의지나 기억력을 탓하지 말자. 할 수밖에 없는 시스템을 만들면 습관 형성은 생각보다 쉽게 이뤄진다.

당신의 인생은 당신이

집중하는 것에 의해 통제된다.

__토니 로빈슨

'엉덩이 힘'을 기르는 아침 공부 루틴

우리 집 거실을 도서관 및 공부방으로 꾸미면서 아이들의 기상 후 1시간 동안 자연스럽게 학습 분위기가 형성되었다. 처음부터 분위기가 잡힌 건 아니었다. 포기하지 않고 꾸준히 이 시간을 가지려 했을 뿐이다.

대략 3개월 정도 되니 아이들이 이 시간에 책상에 앉아 있는 것을 싫어하지 않게 되었다. 반년 정도 지나니 책상에 앉아 있는 것을 자연스럽게 받아들이고 집중하는 시간도 조금 늘어났다.

어린이신문 또는 조간신문과 눈인사를 마치고 나면 아이들은 거실 양 벽면에 배치돼 있는 책상 의자에 등을 맞대고 앉는다. 보통 7시 무렵부터 엄마가 집을 나서는 8시까지가 아이들의 학습 시간이다.

매일 아침 공부하고 학교 또는 유치원에 간다는 얘기를 하면 주위에서는 부모의 교육열이 유별나거나 아이의 학구열이 타고난 것 같다는 오해를 하곤 한다. 실상은 그렇지 않다. 다른 아이들이 방과 후 학원에 가거나 과외를 하며 보내는 시간을 우리 집은 아침 시간으로 압축했을 뿐이다.

이 시간의 목적은 아이들이 문제집을 몇 권 푸는지에 있지 않다. 매일 꼭 해야 하는 우선순위(학교 숙제 1순위, 나머지 부족한 공부) 위주로 공부하는 습관을 들이는 것이다.

학기 초 엄마의 휴대전화로 담임 선생님에게 전화가 걸려왔다. 학부형들은 알겠지만 학기 초 학교에서 걸려오는 전화는 예감이 좋지 않다. 대부분 아이에게 문제가 있다는 사실을 알리는 전화이기 때문이다. 1, 2학년 때 담임 선생님으로부터 말이 없는 것 외에 크게 문제 있다는 이야기를 들은 적이 없었는데 3학년 담임 선생님의 전화는 조금 충격적이었다.

"어머님, 긍룡이가 국어 단원 평가를 봤는데 결과가 너무 좋지 않게 나와서요. 수학이나 다른 과목도 비슷했으면 모르겠는데 유독 국어를 못 봤어요."

평소 책 읽기를 좋아하는 편이라 국어 시험을 못 봤다는 건 예상하지 못했다. 그 후로 학교에서 나머지 공부를 하는 대신 국어 문제집을 사서 매일 아침마다 아이와 함께 풀기 시작했다.

큰 욕심을 부리지 않고 하루 한 장씩 풀다 보니 아이가 국어 문제를 어려워하는 이유를 알게 되었다. 진득하게 앉아 문제를 풀어본 경험이 별로 없었던 것이다. 문제 푸는 경험이 부족하다 보니 국어뿐만 아니라 수학, 과학 등 다른 과목 문제를 풀 때도 어려워하기 시작했다. 그런데 매일 하루 한 장씩 문제를 풀다 보니 아이가 조금씩 문제를 푸는 데 적응하는 모습이 보였다.

아침 루틴을 통해 우리가 얻고자 한 것은 '엉덩이 힘'을 기르는 것이었다. 지금 몇 문제를 푸는 게 중요한 것이 아니다. 몇 문제를 맞히는지는 더더욱 중요하지 않다. 아이가 무엇 하나에 집중해 진득하게 앉아 있는 힘을 기르는 것이다.

아이가 좋아하는 블록을 하거나 재미있는 영화를 볼 때 발휘하는 엉덩이 힘을 그보다 재미가 덜한 학교 공부를 할 때도 발휘할 수 있게 조금씩 습관을 들이는 것이다.

이 순간을 넘어야 다음 문이 열린다.
그래야 내가 원하는 세상으로 갈 수 있다.

__김연아

하브루타의 실마리가 된 신문 읽기 노하우

우리 집에는 아이들이 태어날 때부터 텔레비전이 없었다. '거실=텔레비전'이라는 공식이 당연시되는 게 싫었다. 대신 주말이 되면 비워둔 거실의 한 벽면에 빔 프로젝트를 연결해 좋아하는 영화를 상영했다. 평소에는 책장으로 둘러싸인 거실에서 책을 읽거나 하고 싶은 일을 하도록 했다.

TV 없는 거실은 모든 면에서 만족스러웠지만, 시간이 지날수록 아이들이 '세상 물정'을 모른다는 생각이 들었다. 예능 프로그램에서 사람들이 유행어로 나누는 대화나 방송 뉴스에서

전하는 세상 이야기를 자주 접하지 못하다 보니 또래와의 대화에 잘 끼지 못한다는 느낌을 받았다. 그렇다고 세상 물정을 가르쳐주려 거실에 텔레비전을 들일 수는 없었다.

그런 면에서 우리 가족에게 신문과 방송 뉴스는 세상에 대해 배울 수 있는 최고의 도구가 되었다. 오늘 전 세계에서 어떤 일이 일어나고 있는지 그날 뉴스만 봐도 한눈에 알 수 있다. 우리는 정제된 형태의 신문과 방송 뉴스를 접하지만, 이를 위해서는 수백 명의 기자가 끝없는 회의와 편집 과정을 거친다. 그날 게재된 뉴스들은 수 없는 팩트 체크와 게이트 키핑 과정을 통해 거르고 걸러진 결과물이다.

게다가 신문과 방송 뉴스 모두 비용이 저렴하다. 신문은 한 달에 2만 원이면 정기 구독할 수 있다. 책 한 권 정도 값으로 일주일 세상 소식을 집 앞으로 전달받는 셈이다. 방송 뉴스는 모든 방송사의 메인 뉴스를 온라인을 통해 언제 어디서든 무료로 시청할 수 있다.

둘의 가장 큰 장점은 아이와 자연스럽게 '하브루타(Havruta)'가 가능하다는 것이다. 유대인의 전통적인 토론 방식으로 알려진 하브루타는 서로 짝을 지어 질문하고 대답하면서 생각을 나누는 대화법이다. 정해진 대답을 기대하며 질문하는 것이 아닌, 서로가 질문을 통해 답을 구하는 과정이다.

《엄마의 하브루타 대화법》의 저자 김금선 소장은 하브루타를 아주 일상적인 물음에서부터 시작하라고 조언했다. 아이에게 어떤 답을 바라지 않고 마음껏 생각과 감정을 표현할 수 있게 한다면 나날이 대화의 기술도 늘어난다는 것이다.

하브루타가 좋은 방법이란 건 알지만, 막상 하려고 하면 어떤 질문부터 해야 할지 모를 때가 많았다. 돌이켜 생각해보면 아이에게 주로 하는 질문이 "밥 먹었니", "숙제 다 했니", "이 닦았니" 같은 일방적 물음뿐이었다. 잔소리를 가장한 질문은 아이들에게 그저 잔소리일 뿐, 생각을 나누고 답을 찾아가는 질문이 될 수 없다.

그런 면에서 신문과 방송 뉴스는 이 일상적인 물음을 시작할 수 있는 훌륭한 교재다. 신문에는 우리가 사는 데 필요한 의식주를 비롯해 정치, 경제, 문화, 사회, 국제 분야의 모든 이슈가 마치 뷔페처럼 체계적으로 정리돼 있다. 신문을 1면부터 끝까지 읽다 보면 우리 생활과 관련되거나 나의 경험과 관련된 기사가 한 건 정도는 있게 마련이다.

그러니 당장 오늘부터라도 아이가 잠자리에서 일어날 때나 아침 식사를 할 때 신문을 펼쳐놓고 하브루타를 시작할 실마리를 찾아보도록 해보자. 처음부터 잘할 필요는 없다. 지치지 않고 재미있게, 오랫동안 꾸준히 하는 게 중요하다.

아이와 함께 읽을 기사 고르기

부모가 어릴 적에는 새벽 5시 무렵 신문이 현관에 툭 떨어지는 소리로 하루를 시작했다. 어느 순간 온라인 뉴스가 익숙해지면서 신문 구독률은 빠르게 줄었다. 엄마가 기자인 우리 집에도 쌓이는 종이 신문이 부담스러워 신문 구독을 중지했었다. 그러다 아이들이 크면서 신문을 다시 구독했다. 신문을 보며 아침을 열던 부모의 습관을 아이에게도 물려주고 싶어서였다.

최근에는 스마트폰으로 뉴스를 보는 사람들이 많아졌지만, 아이에게 신문 읽는 습관을 길러주고 싶다면 온라인 뉴스보다 지면 신문이 여러 면에서 더 낫다. 온라인 뉴스는 단편적인 기사 한 건일 뿐이지만, 지면 신문은 1면부터 마지막 페이지까지 하루 동안 벌어진 일이 주제별로 정리되어 있다.

어떤 기사가 어느 면에 어떤 크기로 배치됐느냐에 따라 그날 뉴스의 중요도를 가늠해볼 수 있다. 또 하루 뉴스가 잘 정리

되어 있어 아이들이 관심 있어 할 만한 기사를 고르기도 쉽다.

아직 아이에게 지면 신문이 어렵다고 느껴진다면 일부 신문사들이 발행하는 어린이신문을 이용하는 것을 추천한다. 신문을 구독하면 어린이신문을 공짜로 받을 수 있다. 아이들의 눈높이에서 시사 뉴스들이 편집돼 있기 때문에 취학 전 아동이나 초등학교 저학년 학생이 재미있게 신문을 경험할 수 있다. 신문 곳곳에 배치된 만화와 한자 쓰기, 사설 요약하기 같은 고정 코너들도 시사 상식을 키우는 데 도움이 된다.

신문이 준비되었다면 이때부터는 어렵게 생각하지 말자. 아이의 눈높이로 신문에 나온 사진이나 제목에 대한 궁금증을 던지면 된다. 특히 아이가 직접 경험한 것을 위주로 질문하면 흥미를 쉽게 끌 수 있다. 예를 들어 신문에 흰 돌고래 벨루가가 바다가 아닌 강에서 발견됐다는 기사가 나왔다고 해보자. 아이에게 "벨루가가 바다가 아닌 강에서 발견된 이유는 뭘까?"라고 직접적으로 질문하기보다 "어머, 이 벨루가 어릴 때 수족관에서 본 적 있지 않아?"라고 흥미를 유도하는 질문부터 던지면 아이가 쉽게 다가올 것이다.

신문으로 아이의 아침을 깨우는 법

- 온라인 기사보다 하루 동안 벌어진 일을 체계적으로 볼 수 있는 지면 신문이 더 좋다.

- 아이들 눈높이로 편집한 어린이신문(어린이동아, 어린이조선일보, 한국경제신문 생글생글 등)을 활용하면 아이가 보다 쉽고 재미있게 신문을 접할 수 있다.

- 아이가 관심 있는 주제 위주로 기사를 골라 이야기를 나누어보자.

- 아이의 관심사를 잘 모른다면 동물이 나오거나 우주, 과학, 환경 관련 기사를 선택해보자. 아이의 관심을 끌 수 있는, 성공률이 비교적 높은 주제들이다.

- 아이에게 먼저 신문을 읽으라고 하기보다 부모가 먼저 읽는 습관을 들이자. 매일 아침 신문을 읽는 부모의 뒷모습을 본다면 아이들은 저절로 신문에 관심을 가진다.

- 취학 전이나 초등학교 저학년 아이라면 신문을 소리 내 읽는 연습을 하는 것도 도움이 된다. 아이가 원하지 않으면 강요하는 것은 금물이다.

- 초등학교 고학년이거나 신문 읽기에 익숙해진 아이라면 단락별로 요약하거나 기사의 주제를 한 줄로 요약해보는 연습을 해보자.

아이의 관심사를 활용하라

평소 영화와 애니메이션을 즐겨보던 첫째가 어느 날부터 팝의 황제 마이클 잭슨에 대해 관심을 가지기 시작했다. 아이가 자신이 태어나기도 전에 세상을 떠난 가수를 좋아하는 것이 마냥 신기하기만 했다. 아마도 어딘가에서 접한 그의 노래를 좋아하게 되었고 도서관에서 우연히 그에 대한 책을 읽으며 관심이 커진 것 같다.

아이는 용돈을 모아 검은색 모자를 사고, 그의 춤을 따라 하기 시작했다. 자기 전에는 매일 마이클 잭슨의 대표적인 뮤직비디오를 보며 노래와 춤을 익혔다.

한번 어딘가에 꽂히면 푹 빠지는 아이의 성격을 잘 알고 있기에, 부모도 최대한 도와주고 싶었다. 〈Billie Jean〉, 〈Man in the mirror〉, 〈Beat it〉, 〈Heal the world〉, 〈Black or white〉 등 대표곡들의 영어 가사를 출력해 집 안 곳곳에 붙여놓고 마이클 잭슨과 관련된 기사나 영화, 자료가 있으면 모아서 아이에게 전해주었다.

부모와 자녀가 나누는 대화 주제도 어느 순간 마이클 잭슨으로 바뀌게 되었다. 그러다 보니 부모도 아이와 대화를 나누려면 마이클 잭슨을 공부해야 했고, 둘째도 〈시크릿 쥬쥬〉나 〈캐치 티니핑〉보다 마이클 잭슨을 더 좋아하게 되었다.

그날도 아이들이 좀처럼 일어나지 않던 월요일이었다. 별 생각 없이 아이들이 즐겨 듣던 잭슨의 대표곡을 틀어줬는데, 영어 동요나 다른 음원을 틀었을 때는 들은 체 만 체하던 아이들이 그의 노래를 듣자마자 잠에서 깨 거실로 나왔다. 자신들이 좋아하는 마이클 잭슨의 노래로 하루를 시작하니 기분도 좋은 듯했다.

가끔 아침에 일어나야 하는 이유에 대해 생각해볼 때가 있다. 누가 시킨 적도 없고 꼭 해야만 하는 일도 아니다. 그저 하루를 좀 더 행복하게 보내고 싶다는 소박한 바람에서 시작한 일이다. 아이 입장에서는 어떨까? 따뜻한 이불 속에서 1분이라도 더 자고 싶은데 굳이 일찍 일어나야 할 필요가 있을까?

부모가 아이들에게 아침에 일어나는 것을 더 행복하고 즐거운 경험으로 만들어주려면 방법은 간단하다. 그 시간에 아이들이 좋아하고 행복해지는 일을 하는 것이다. 아침에 일어나서 숙제나 공부를 하는 걸 좋아하면 더할 나위 없겠지만, 더 중요한 것은 아이가 아침을 행복한 시간으로 평생 기억하는 것이다.

우리는 겉만 그럴싸한 것이 아니라

무언가 견고하고 균형 있으며,

아름다운 속내를 숨기고 있는 것을 찾으려고

노력해야 한다.

이러한 것은 결코 멀리 있지 않다.

__세네카

아침 공부 습관 시스템 만들기 1.

책과의 눈인사 프로젝트

우리 집에 놀러 오는 사람들이 하는 말이 있다.

"집에 TV가 없네요?"

앞서 언급했지만, 우리 집에는 텔레비전이 없다. 처음부터 없었던 것은 아니다. 여느 집과 마찬가지로 결혼하면서 혼수로 장만했다. 그러다 아이가 태어나고 나서 텔레비전을 없앨까 하는 생각이 부부의 머릿속에 똑같이 떠올랐다. 이유는 조금 달랐다.

엄마는 텔레비전이 있으면 항상 켜야만 할 것 같았다. 밝은 빛과 소리가 집 안을 가득 채우는 것이 싫었다. 아빠는 아이의 상상력에 대한 고민이 있었다. '바보 상자'라고 불리는 텔레비전보다 책으로 가득한 환경이 아이에게 더 좋지 않을까 생각했다. 책도 잘 읽지 않던 아빠가 그런 생각을 한 것을 보면 다른 사람들과 달리 특별해 보이고 싶거나, 어디에선가 본 서재형 거실을 따라 해보고 싶은 건지도 모르겠다.

결국 결혼 2년여 만에, 큰아이가 돌이 되기 전에 거실에서 텔레비전은 사라졌다. 그리고 텔레비전이 있던 거실 벽 한편에 큰 책장 두 개를 두었다. 책과 함께 성장할 아이의 모습, 더불어 마음껏 창의력을 펼칠 모습을 기대하면서 말이다.

여러 번 이사를 다녔지만 그 후에도 텔레비전이 있어야 할 곳에 대부분 책장을 놓았다. 책장 아래 칸에는 아이 손이 많이 가는 책을, 위 칸에는 부모의 책을 배치해 자연스레 아이의 손이 책으로 가길 바랐다.

텔레비전이 없는 집

거실에서 텔레비전을 퇴출하고 그 자리에 책장과 책을 놓은 우리 집은 무엇이 달라졌을까? 엄마의 바람대로 원치 않는 빛과 소리로부터 자유로워질 수 있었다. 때로는 적막과 고요함이 어색했지만 라디오를 틀어놓으며 빈자리를 채우곤 했다.

부모에게 나타난 가장 큰 변화는 이전보다 부지런해졌다는 점이다. 자기계발서에 나오는 얘기처럼 규칙적인 생활을 하고, 작은 시간도 허투루 쓰지 않았다는 뜻은 아니다. 소파에 몸을 밀착시킨 채 몇 시간이고 텔레비전만 보면서 시간을 보내지 않았을 뿐이었다.

항구에 정착해 있지도 않고, 그렇다고 목적지를 향해 힘찬 항해를 하는 것도 아닌, '바다에 표류했다'는 게 더 적합한 표현일지 모르겠다. 집에서 청소를 하든 요리를 하든, 몸을 가만히 놀리지 않고 무언가 하게 되었다는 뜻이다.

아빠의 의도대로 탄생한 서재형 거실에서 아이는 걸음마를 배우며 책장을 잡고 일어섰다. 부모의 생각대로 자연스럽게 책을 마주할 기회가 많아졌고 조금이라도 책과 친해질 수 있었다.

아이가 커갈수록 예상치 못한 난관에 부딪혔다. 아이들의 1순위는 항상 장난감이다 보니 장난감에 흥미가 떨어지거나 잠들기 전이 아니면 책에 큰 관심을 보이지 않았다. 책을 만지작거리며 혼자 시간을 보내거나, 몇 시간이고 혼자 몰입해 책을 읽는 일은 일어나지 않았다. 아마도 책보다 강력한 유혹인 장난감이 많았던 게 이유가 아닐까 추측해본다.

그래도 잠들기 전에는 항상 엄마와 함께 책을 읽었다. 워킹맘으로서 해줄 수 있는 몇 안 되는 일이었기에 매일 밤 엄마는 조금이라도 책을 읽어주려 노력했다. 아이가 자기 전 책을 읽겠다는 의지를 표현한 것도 책으로 가득한 시각적 경험 덕분이 아니었을까 생각한다.

하지만 텔레비전도 없이, 책이 있는 서재형 거실에서 자란 아이들은 기대만큼 책과 친해지지 못했다. 일상에 지친 우리 부부는 잘못된 게 무엇인지, 무엇을 고쳐야 할지 생각하지 못한 채 똑같은 삶을 반복해갔다.

책과의 눈인사가 단절된 집

둘째가 태어났고 우리는 이사를 거듭했다. 20평대 아파트에서 30평대로 옮겼다가, 다시 20평대로 크기를 줄여 이사를 했다. 한번 30평대에 살아보니 20평대에 들어가는 것이 쉬운 일이 아니었다. 모든 가구 배치의 원칙은 라이프스타일이나 효율적 동선과는 상관이 없었다. 그저 '이 집에 모든 짐을 잘 구겨 넣을 수 있는지'가 더 중요했다.

몇 개월이 지났을 무렵, 아이들이 책과 친해지는 모습은 전혀 보이지 않았고, 집에 없는 텔레비전 대신 태블릿이나 부모의 스마트폰으로 애니메이션을 보여달라고 조르는 일이 잦아졌다. 무언가 잘못됐다고 생각했다. 그러다 우리 집 구조와 가구 배치를 객관적으로 살펴보게 되었다.

책장의 배치가 문제였다. 방이 세 개가 있는데 하나는 침실, 다른 하나는 놀이방, 또 다른 하나는 큰아이의 2층 침대가 있는 방으로 활용 중이었다. 특이한 점은 우리 집에서 가장 끄트머리에 있는 2층 침대가 있는 방에 모든 책장이 배치되었고 다른 방이나 거실에는 책을 한 권도 찾아볼 수 없었다.

아이들이 책과 눈인사를 하려면 2층 침대가 있는 방으로 들어가야 하는데, 놀이방과 거실, 침실을 자주 오가는 아이들의 동선은 책이 있는 방으로 연결되지 않았다. 2층 침대 방은 그저 책을 보관하는 창고일 뿐이었다.

'책과의 눈인사' 프로젝트

비효율적인 배치가 눈에 들어오자 당장 바꿔야겠다고 마음먹었다. 구석진 방에 몰려 있는 책장을 꺼내 집 안 곳곳에 배치하기로 했다. 이를 통해 아이들이 어디에 머무르든 책이 항상 시야에 들어오도록 했다.

제2차 세계대전 당시 영국의 수상이었던 윈스턴 처칠은 그의 자서전에서 '책이 당신 삶의 내부로 침투해 들어오지 못한다고 하더라도, 서로 알고 지낸다는 표시의 눈인사마저 거부하지 말라'고 말했다. 우리 아이들은 책과의 눈인사는커녕, 구석진 방에 책을 감금해둔 채 책과의 눈인사를 원천적으로 차단하고 있었던 것이다.

아빠는 눈인사의 중요성을 비타민을 챙겨 먹는 습관을 들이면서 깨닫게 됐다. 마흔이 되고 체력이 떨어지면서 비타민을 챙겨 먹기로 마음먹었다. 하지만 습관으로 쉽게 자리 잡지 못했다. 처음 며칠 동안 잘 챙겨 먹다가 날이 갈수록 빼먹는 날이 많아졌다.

몸 상태는 나아질 기미가 보이지 않고 갈수록 체력이 떨어지니 더는 물러설 수 없었다. 비타민 섭취를 제대로 해보자고 결심했다. 그렇게 아빠만의 '비타민 시스템'이 만들어졌다.

솔직히 대단한 건 없다. 가장 오랫동안 머무르는 자리에서 가장 눈에 잘 띄는 곳, 즉 회사 책상 위 모니터 받침대에 비타민을 잘 보이도록 배치한 것뿐이다.

이렇게 시스템을 바꾼 이후에는 오전에 깜박했어도 일하는 중간이나 점심 식사 이후에라도 비타민이 눈인사를 해왔다. 이를 통해 매일 먹는 시간이 일정하지 않더라도 빠지지 않고 비타민을 챙겨 먹을 수 있게 되었다.

매일 먹는 습관이 어느 정도 궤도에 오르자, 특정 시간만 되어도 저절로 비타민을 먹게 되었다. 그 후 지금까지 수년간 하루도 거르지 않고 비타민을 챙겨 먹고 있다. 매일 해야 할 일을 잊어버리는 나에게, 필요한 것을 잘 보이는 곳에 두고 눈에 자꾸만 걸리적거리도록 배치한 것은 효과적이었다.

이 놀라운 경험을 왜 사랑하는 아이에게는 적용하지 않았을까? 그때부터 아이들이 머무르는 공간, 우리 집에서 가장 왕래가 잦은 곳에 책장과 책을 두기로 했다. 매일 비타민이 내게 인사를 해온 것처럼, 우리 아이에게도 책이 먼저 인사를 해오는 시스템을 만들자 마음먹었다.

가장 구석에 있는 방에 몰려 있던 네 개의 책장을 거실과 각 방에 한 개씩 둔다는 기준으로 배치하였다. 이제 우리 아이들은 집 안 어디에 있더라도 책이 시야에 들어올 수밖에 없게 되었다.

화장실에 가면 책이 없지 않냐고? 그래서 화장실에도 책을 한 권 두었다. 엄마 아빠가 책을 늘 곁에 두고 있다는 사실을 무의식적으로 인지할 수 있도록 말이다.

책과의 눈인사 프로젝트 그 후

책장의 재배치가 끝났다. 효과가 있을지 반신반의했던 우리 부부의 걱정은 기우였다. 아이들의 반응은 바로 나타났다. 내심 기대하지 않은 것은 아니었지만 이렇게 빨리 효과가 나타날 줄은 몰랐다.

지나가며 책장 앞에 서서 책을 바라보기도 하고, 책을 꺼내 혼자 조용히 소파에 앉아 읽기도 했다. 어느 날 아침에는 일어나자마자 침대에 있는 책을 만지작거리다 읽기도 했다. 이 모든 게 거짓말처럼 순식간에 일어났다.

물론 그 기쁨은 지속되지는 않았다. 배치를 바꾼 그날부터 일주일 정도 책에 관심을 보였지만, 시간이 지날수록 원래의 생활 습관으로 돌아간 듯했다. 그렇다고 배치를 원래대로 돌려놓아야 할까? 아니다. 생활 속에서 책과 마주칠 시간을 쌓아가야 할 필요가 있다.

한 가지 더, 중요한 것이 있다. 바로 솔선수범이다. 평소 부모가 책을 읽는 모습을 보여주어야 한다. 책이 아무리 집 안에 널려 있어도 부모가 텔레비전 보고 스마트폰 게임만 하고 있다면 아이들도 자연스럽게 영향받을 수밖에 없다.

책장의 배치가 끝난 이후에 부모인 우리도 집에서 더 열심히 책을 읽기로 했다. 아빠는 새벽에 일어나 아이들이 자고 있을 때 책을 읽거나 출퇴근 버스에서 책 읽는 습관을 가지고 있었다. 책을 읽는 시간과 공간이 아이들과 겹치지 않으니 아이들은 책 읽는 아빠의 모습을 좀처럼 볼 수 없었다.

또한 버스나 밖에서는 간편하게 전자책을 많이 활용했는데, 퇴근 후 아이들 앞에서 아무리 진지하게 전자책을 읽는다고 해도 이를 보는 아이들의 머릿속엔 '아빠 또 스마트폰 하네?'라고 생각할지 몰랐다. 그래서 아이들과 함께하는 시간 동안만이라도 종이책 읽는 모습을 보여주기로 했다.

그렇게 해서 거실 소파 옆에 독서등을 하나 놓았고 아이들이 자기 위해 거실 조명을 모두 끄는 동안 홀로 독서등을 켰다. 아이들이 엄마와 책을 읽을 때 아빠는 거실에서 책을 읽었다. 귀찮으면 책만 들고 있던 적도 있다. 그러다 보면 아이들이 거실로 나왔을 때 자연스럽게 소파에서 책 읽는 아빠의 모습을 보고 다시 방으로 들어가곤 했다.

책장 재배치 이후 지난 1년을 되돌아보니 극적인 변화가 있다기보다 서서히 집중해서 책 읽는 모습이 늘고 있어 매우 뿌듯하다. 요즘에는 두 아이의 연령대에 맞는 책의 선택과 배치를 어떤 식으로 하는 게 좋을지 고민하고 있다. 제한된 공간 탓에 모든 책을 다 끄집어내기도 어려울 뿐만 아니라 너무 많은 책이 시야에 들어오면 선택을 지레 포기하거나 친숙한 책에만 손을 뻗게 될 수 있다. 물론 가장 중요한 1순위는 아이들 스스로 고른 책을 읽도록 하는 것이다.

책이 당신 삶의 내부로 침투해
들어오지 못한다고 하더라도,
서로 알고 지낸다는 표시의 눈인사마저
거부하지 말라.

__윈스턴 처칠, 《수상록》

chapter 5

아침 공부 습관 시스템 만들기 2.

스마트폰 전쟁에서 살아남기

우리 부모 세대는 어릴 적 친구들과 따로 약속을 잡지 않아도 동네 친구들과 만나는 고정된 장소가 있었다. 그런 장소가 없더라도 친구를 만나고 싶을 때면 집집마다 한 대뿐인 유선전화로 전화를 걸어서 친구 부모님에게 "긍룡이 있어요?"라고 묻고 통화하는 것이 유일한 방법이었다.

그러다 인터넷 시대가 찾아왔다. 부모님 몰래 전화선을 뽑아 PC통신을 하다가 전화요금 폭탄을 맞기도 했고, 옛 친구들을 인터넷이라는 새로운 세상에서 만날 수 있었다.

그런데 이러한 변화가 찾아온 지 얼마 지나지 않아 새로운 시대가 도래했다. 바로 스마트폰이었다. 작은 스크린 터치 한 번으로 온 세상이 연결되고, 즉각적으로 욕망을 채워주는 시대를 사람들은 혁명이라고 부르며 칭송했다.

이러한 세상의 격변을 부모 세대들은 온몸으로 부딪히며 겪어왔다. 어릴 적 겪었던 소중한 아날로그적 경험 덕분에 지금의 편리함과 자유가 당연한 것이 아니고 변화의 산물이라는 것을 몸으로 알고 있다.

반면 우리의 자녀들은 어떠한가? 태어날 때부터 스마트폰이 당연한 이 세대를 사람들은 '알파 세대'라고 부른다. 이들에게는 부모 세대와 달리 터치 한 번으로 모든 욕망이 충족되는 삶이 당연하다. 바로 이 지점에서 부모 세대와 자녀 세대 간 갈등이 시작된다.

알파 세대와의 갈등

부모 세대는 자신이 어렸을 적의 경험을 떠올리며 그 유사한 경험을 우리 자녀에게 대입하려고 하는데, 아이들은 대다수 부모가 겪어온 세상을 살아본 적이 없다.

엄마와 아빠에게 이야기를 듣는다고 해도 다른 세상 이야기를 한 귀로 듣고 반대편 귀로 흘릴 수밖에 없다. 화성에서 온 남자, 금성에서 온 여자와 같이 완전히 다른 세계에서 온 사람들이 겪는 갈등인 것이다.

스마트폰과 같은 디지털 기기가 자녀의 교육과 발달에 미치는 영향에는 장단점이 존재한다. 긍정적으로 보는 사람들은 새로운 변화에 적응하기 위한 필수품으로 보고 학습 보조용으로 활용한다. 부정적으로 보는 사람들은 스마트폰을 보는 동안 아이들의 사고가 멈추고, 감정 조절이 어려워진다고 주장한다.

스마트폰은 우리 사회를 예전보다 풍요롭고 편리하게 해주었지만, 그 폐해도 심각하다. 현대인들은 스마트폰에 중독돼 하루라도 이것이 없으면 안절부절못하고, 잘못된 자세로 각종 근골격계 질환을 앓고 있다. 거리에서는 스마트폰에 온 시선을 고정하고 걷는 위태로운 경우도 종종 볼 수 있다.

개인적으로 아이들을 키우는 부모 입장에서 보면 장점보다 단점이 강조되고 도드라져 보이는 것이 사실이다. 부모 세대의 어릴 적 경험을 떠올리면 더욱 그렇다. 지금은 시대가 변했다. 요즘과 같은 초(超)연결 사회에서 스마트폰이나 태블릿 PC 등을 우리 삶에서 완전히 배제하고 살아가기란 쉽지 않다. 공존의 해법을 찾아야만 한다.

우리 집에도 부부의 필요로 구입한 태블릿 PC가 한 대 있었다. 전자책을 보거나 부부가 함께 영화를 보는 용도로 활용했지만, 빈도가 그리 높지는 않았다.

그러다 큰아이가 초등학생이 되고, 팬데믹으로 수업이 원격 전환되면서 사용 빈도가 급격히 늘었다. 둘째의 유치원 학습에도 스마트 기기가 필요하게 되면서 한 대의 태블릿 PC를 추가로 구매했고, 어느새 4인 가족에 스마트폰 포함해 '1인 1기기'를 갖게 되었다.

아이들의 교육을 위한다는 명분으로 집에서 텔레비전을 추방했지만, 우리도 모르는 사이에 두 대의 태블릿 PC가 텔레비전 역할을 담당하고 있었다. 텔레비전을 없앤 결정이 무색해졌다. 하지만 미디어 기기와의 접점을 무시할 수 없는 것 또한 현실이다. 디지털 기기의 폐해를 느끼는 사람들 중 일부는 스마트폰 없이 살 수 있겠지만, 이 역시 쉽지 않다. 스스로 외부 세상과 단절(완전한 단절이 아닌 불편한 단절)되어야 하기 때문이다.

아이들은 어떨까? 집에서만 자란다면 스마트폰 없는 환경이 괜찮을 수 있다. 그런데 유치원이나 학원, 외부에서 다른 아이들이 스마트폰을 들고 있는 것마저 막을 수는 없었다. 우리 부부 역시 집에서는 최대한 자제했지만 가족 모임이나 식당, 결혼식장 등에서 아이들의 주의를 집중시키기 위해 스마트폰 카드를 종종 사용했다.

아이들이 성장하고, 펜더믹으로 학교나 유치원에서 스마트기기를 활용하는 빈도가 늘어나면서 우리 집에서도 무언가 '보고 싶다'라는 요구가 늘기 시작했다. 무언가 보는 시간이 되면 아이들은 잠시나마 집중했고, 우리는 다른 볼 일을 볼 수 있는 시간적 여유, 즉 자유를 얻을 수 있었다.

육아를 직접 해본 사람들은 자유라는 것이 얼마나 달콤한지 알 것이다. 아이들은 그들대로 원하는 욕망을 채우고, 부모 역시 나름의 욕망을 채우는 시간이었다. 하지만 사탕이 달콤할수록 건강에는 치명적이다. 자유를 언제까지나 누릴 수는 없었다.

나쁜 습관은 쉽다

태블릿 PC의 처음 구매 목적은 교육 용도였다. 원격 수업을 하는 것이 주목적이며, 때때로 학습에 필요한 애플리케이션을 설치해 활용했다. 그러다 어느 순간 유튜브로 넘어가더니 넷플릭스까지 확장되었다.

부모도 미처 인지하지 못한 사이 일어난 변화였다. 어쩌면 자유라는 달콤함에 취해 외면하고 싶었는지 모를 일이다.

코로나 상황이 점차 나아지면서 원격 수업이 사라졌고, 자연스럽게 두 대의 태블릿 PC 역시 본연의 역할을 잃어버리기 시작했다. 그렇게 두 대의 태블릿은 암묵적으로 아이들의 차지가 되었고 매일 '영상(애니메이션)'을 보는 루틴이 아이들의 일상에 스며들었다. 새로운 습관, 원하지 않는 나쁜 습관이 장착된 것이다. 미디어 기기와의 접점을 차단하고자 텔레비전을 추방했던 부모의 의도가 힘을 완전히 잃어버리게 되었다.

엄마와 아빠가 하루 일과를 마치고 퇴근을 하면 아이들은 밝은 얼굴로 맞이한다. 우리 아이들은 기다리고 있었다는 듯이 영상을 보고 싶다며 떼를 쓰기도 하고 재롱도 피운다. 그러면 부모는 딜레마에 빠진다. 피곤한 하루를 편하게 마무리했으면 하는 생각과 함께 오늘 학교 숙제는 다 했는지 확인해야 했다.

한번 영상을 보여주기 시작했더니 시간 가는 줄 모르게 보고, 그러다 보면 숙제를 하거나 잠잘 시간이 부족했다. 이는 다음 날의 리듬이 깨지는 악순환으로 이어졌다. 아이는 졸리고 숙제는 마무리되지 않은 채 부모와 신경전을 벌이다가 잠자리에 들어야 했다. 돌파구가 필요했다.

스마트폰과 현명하게 공존하는 법

처음으로 생각한 방법은 태블릿 PC를 없애는 것이었다. 집에서 텔레비전을 추방한 것처럼 원치 않는 습관으로 이어지는 고리를 끊어버렸다.

그런데 태블릿 PC만 없애면 모든 것이 해결될까? 부모의 스마트폰은 여전히 존재한다. 업무에 필수이다 보니 무조건 없앨 수는 없다. 학교나 동네 친구들, 사촌들도 스마트폰을 가지고 있다. 아이에게는 '왜 나만 없지?'라는 생각으로 이어질 수 있다.

우리는 지금 상황에서 무엇이 가장 효과적일지 생각했다. 이상만 추구하면 아무것도 이루지 못하고 손을 놓아버릴 수 있다. 피할 수 없다면 맞닥뜨려야 했다. 조금이라도 우리 아이들에게 도움이 되는 콘텐츠로 또는 요즘 몰입하고 있는 아이템 위주로 몰입을 극대화해주자 생각했다.

더 중요한 것은 스스로 절제할 수 있도록 훈련하는 것이다.

도움 되는 것 보기

아이들의 영어 교육을 위해 시작한 '엄마표 영어'는 영어를 생활 속에서 꾸준히 접하면서 영어와 친숙해지는 것을 목표로 한다. 엄마표 영어를 하는 우리 집에서는 만화나 교육용 애니메이션을 볼 때 영어로 된 것을 보는 게 원칙이다. 아이들의 영어 실력을 키워주고 싶은 부모의 욕심과 재미있는 영상을 보려는 아이들의 욕구 사이에서 어느 정도 타협을 봤다고 할 수 있다.

몰입하고 있는 것 보기

아이가 현재 몰입하고 있는 것을 보여주자. 아이들은 저마다 좋아하고 몰입하는 것이 있다. 우리 집에서는 이 글을 쓰고 있는 현재 첫째가 가수 마이클 잭슨에 푹 빠져 있다. 집에서도, 밖에서도 검은 모자와 검은 장갑을 끼고, 주말 내내 노래를 들려달라고 조른다.

마이클 잭슨과 관련된 책을 사준 후에는 늦은 시간까지 몰입해 읽기를 수없이 반복했다. 그러더니 어느새 엄마 아빠보다 마이클 잭슨에 관해 더 많은 걸 알게 되었다. 그래서 영상을 보고 싶다고 할 때마다 마이클 잭슨의 뮤직비디오를 보여주기로 했다.

절제하고 대화하기

영어 교육에 도움이 되고 몰입을 도와주는 것도 좋지만, 가장 좋은 것은 책을 읽는 것이다. 스마트폰을 포함한 미디어 기기에 관한 것은 차선책이지 최선은 아니다. 어디까지나 책이 우선시되어야 하고, 미디어는 그다음이다.

앞서 소개한 책과의 눈인사 프로젝트를 실행에 옮기면서 책과 반대로 미디어 기기를 최대한 멀리, 눈에 쉽게 띄지 않는 곳에 두기로 했다. 구석 방에 놓여 있던 책을 집 안 곳곳에 배치한 것과 반대로, 거실 중앙에 놓여 있던 태블릿을 가장 구석진 방, 가장 눈에 띄지 않는 곳으로 옮겨두었다.

좋은 습관을 들이기 위한 것은 자주 마주칠 수밖에 없도록 만들고, 그 반대의 것은 최대한 멀리 두어 마주치기 힘들게 했다. 습관 형성의 시작인 신호를 서서히 차단하는 것이다.

이 전략은 효과적이었을까? 뚜렷한 답을 내놓기에는 시간이 부족한 듯하다. 처음에는 그동안 습관의 힘 때문인지 한동안 볼 것을 찾았다. 그렇게 몇 달을 지나고 나서야 찾는 빈도가 조금은 줄어든 것 같다. 물론 횟수를 정확히 기록한 것은 아니어서 심증일 뿐이다.

이런 경험을 쌓다 보니 중요한 것 한 가지를 발견했다. 그

것은 부모와 자녀의 시시콜콜한 대화가 가지는 힘이다. 부모가 퇴근해서 아이와 대화를 많이 시도해야 한다. 그러면 아이들은 이야기보따리를 엄마와 아빠에게 풀어내고 싶다는 생각에 열중한다. 부모와 자녀 간에 돈독한 대화로 유대감을 형성할 수도 있고, 스마트폰에 대한 유혹을 차단하며 행복한 가정을 만들 수 있다.

당신은 언제나 꿈을 꿀 수 있고,
당신의 꿈은 현실이 될 수 있어요.
하지만 당신은 그것이
실현되게 만들어야 합니다.

__마이클 잭슨

아침 공부 습관 시스템 만들기 3.

거실, 공간과 의미의 재구성

아빠의 학창 시절로 잠시 시간 여행을 해본다.

학생이던 아빠는 집에 있는 작은 방에서 문을 닫은 채 책상 앞에서 공부하고 있다.

공부를 시작한 지 채 5분이나 지났을까? 집중력이 흐트러지고 다른 생각, 딴짓을 한다. 책상 위에 놓인 좋아하는 가수의 카세트테이프를 만지작거린다. 갑자기 방문이 열리거나 노크 소리가 들리면 화들짝 놀라며 카세트테이프를 떨어뜨린다.

이렇듯 혼자만의 공간에서 무언가에 집중하는 것은 어려운 일이었다. 최소한 아빠에겐 그랬다. 방에 고립된 채 외롭게 남겨진 상황에서 오랜 시간 집중하기는 어려웠다. 부모님께서 열심히 공부하라고 특별히 방 한 칸을 내어주셨지만, 되돌아보면 두 분의 크신 사랑만큼 큰 도움이 되지 못했다.

공감하지 못하는 사람들도 있겠지만, 완벽하게 혼자인 상황에서 집중력을 발휘하려면 하고 싶은 일을 하거나 시험이 당장 내일이라는 심리적 압박이 있어야만 가능했다.

입시를 앞둔 고등학교 3학년이 되어서야 부모님께 독서실에 가서 공부하겠다고 말씀드렸다. 혼자 동떨어지지 않은, 비교적 공개된 장소에서 집중하여 공부할 수 있었다. 친한 친구가 없어도 밤늦게까지 혼자 공부하는 게 외롭지 않았다. 또 누군가 나를 감시하고 있을 것 같다는 묘한 심리 속에 집중이 더 잘되는 기분이었다.

이러한 심리는 지금까지 아빠의 삶에 영향을 끼치고 있는데, 이 책의 원고를 작성하는 순간에도 옆에서 아내가 볼일을 보는 동안 글을 쓰고, 아내가 자리를 뜨면 따라 쉬게 된다.

집중을 돕는 환경의 조건

사람들은 왜 독립된 장소보다 카페나 도서관과 같은 개방된 장소에서 집중이 잘되고 성과가 올라갈까? 여기에는 두 가지 이유가 있다.

첫 번째는 심리적인 이유인데, 아빠가 학창 시절에 직접 경험한 것과 비슷하다. 누군가 나를 쳐다볼 수도 있다는 생각에 더욱 집중하게 되는 것이다.

일본의 교육 심리학자이자 작가로 30권 이상의 책을 집필한 사이토 다카시는 자신의 생산성 비결을 '카페에서 일하기'라고 말한다. 그는 개방된 공간, 자유로운 분위기, 그리고 타인의 시선을 집중이 잘되는 비결로 꼽았다. 뿐만 아니라 해리포터의 작가 J. K. 롤링이나 《노인과 바다》의 작가 헤밍웨이 역시 카페에서 작품을 집필한 것으로 알려졌다.

두 번째 이유는 백색 소음(White Noise)이다.

시카고대학교의 소비자연구저널에 따르면 카페에서 들리는 사람들의 백색 소음이 집중력과 창의성을 향상시킨다고 한다.

백색 소음이란 우리가 미처 인지하지 못하게 주변에 배경처럼 깔려 있는 소음으로 우리에게는 'ASMR(자율감각 쾌락반응)'이라는 말로 더 잘 알려져 있다.

유튜브 채널이나 명상 관련 앱에서도 도서관 소리, 비 오는 소리, 도시의 소음 등 ASMR을 제공하는 곳을 쉽게 찾아볼 수 있다.

집중을 잘하고 있다가 어느 순간 갑자기 조용해지면 집중이 흐트러지는 경험을 한 번쯤 해보았을 것이다. ASMR이 단절됨과 동시에 집중력도 함께 잃어버린 예라고 볼 수 있다.

이 책을 읽는 독자가 부모님이라면, 울음을 그치지 못하는 신생아들이 진공청소기나 심장박동 등 반복적이고 차분한 소음에 울음을 그치고 잠이 드는 경험이 있을 것이다. 이것 역시 마찬가지로 백색 소음, ASMR의 영향이라고 볼 수 있다.

카페에서 공부하는 사람들

카페에서 공부하는 사람이라는 뜻의 '카공족'이라는 신조어가 있다. J. K. 롤링이나 헤밍웨이도 카공족이었다. 왜 유명한 작가들부터 당장의 시험을 준비하는 옆집 학생들까지 굳이 카페에서 공부하거나 글을 쓰려고 할까?

아빠가 학창 시절에 더 좋은 환경인 내 방에서 공부하지 못하고 독서실에 의존해야 했던 경험, 그리고 백색 소음 환경에서의 연구 결과를 토대로 유추해보면 카공족을 이해하는 데 도움이 될 것이다.

독서실이나 카페와 같이 백색 소음에 노출된 환경에서 누군가 지켜보고 있다는 묘한 압박감에 더 집중할 수 있게 되는 것이다.

엄마와 아빠도 아이들의 본보기가 되어야 한다는 다짐 아래 집에서 책을 읽으려고 노력 중이다. 하지만 아이들이 있는 집에서 무언가에 오랫동안 집중하기란 어려운 일이다. 엉덩이를 붙이려고 하면 집안일뿐 아니라 아이들의 자질구레한 요구사항이 끊이지 않는다. 잠시 짬이 난다고 해도 아무 생각 없이 쉬고 싶을 뿐이다.

우리 아이들은 매주 토요일마다 1시간 반 동안 미술학원에 간다. 이 자투리 시간이 우리 부부에게 얼마나 소중한 시간인지 모른다. 우리는 이 귀한 시간을 근처 카페에 가서 책을 읽는 시간으로 활용하고 있다. 물론 이 모습을 아이들에게 보여주지 못해 아쉽지만 책 읽기에 집중하는 데 이만한 것이 없다.

아이에게도 '로망'이 있다

첫째가 초등학생이 될 무렵, 우리는 처음으로 20평대에서 30평대 아파트로 첫 이사를 했다. 이사를 앞두고 오래 전부터 우리 부부의 집에 대한 로망을 하나씩 만들기 시작했는데, 그중 하나가 집 안 중앙에 있는 큰 식탁이었다.

큰 식탁 하나를 두고 거기서 밥도 먹고, 쉬는 시간이나 저녁 시간에는 가족이 모여 책을 읽는 모습을 꿈꿨다. 머릿속으로 그려온 행복한 그림을 완성하고 싶어서 이사하자마자 6인용 식탁을 구매했다. 당시 우리 집은 거실과 부엌의 경계가 모호했던 구조여서 자연스레 거실과 주방 사이에 식탁을 두었다.

그런데 첫째는 부모의 로망과 조금 다른 방향으로 움직이기 시작했다. 학교에 입학할 무렵, 2층 침대와 자기 방을 요구했다. 부모가 로망을 가졌듯이, 아이도 자신만의 로망을 그리고 있었던 것이다. 그동안 좁은 집에서 자기 방 없이 지내온 이유일 수도 있다.

우리 부부 역시 첫째의 수면 독립을 원했기 때문에 본인의 의지를 존중해주기로 했다. 새집으로 이사하면서 첫째의 방을 하나 마련해주고, 그 공간을 2층 침대와 책상으로 채워 자신만의 공간을 만들어주었다.

아이도 처음 생긴 자신만의 방이라 그런지 흡족해했다. 침대에서 혼자 자며 수면 독립에 성공하는 듯했고, 방에서 혼자 공부하기 시작했다. 모든 것이 순조로워 보였다.

하지만 오래 가지 않아 자기 직전 동생과 엄마 사이를 비집고 들어왔고, 거실로 나오기 일쑤였다. 자신의 방이 생겼다며 좋아하던 아이가 왜 이런 행동을 하기 시작한 것일까?

그 이유에 대해 곰곰이 생각해보았다. 혼자 침대에 남은 채 안방으로 자러 가는 부모와 동생을 보며 무슨 생각을 했을까? 아이의 입장이 되어보니 그 마음이 이해되었다. 나만 홀로 방에 남겨지고 나머지 가족은 한 방에 들어가는 모습, 그것도 어두운 밤마다 그런 일이 벌어지니 반갑지만은 않았을 것이다.

공부할 때는 어땠을까? 가만히 앉아 있는 법이 없었다. 10분, 아니 5분도 참지 못하고 거실로 뛰쳐나왔다. 그 지점에서 이성적으로 아이 행동의 원인을 냉정하게 분석하면 좋았겠지만, 아쉽게도 우리는 전문가가 아니었다. 냉정보다 열정이 먼저였고, 문제 행동의 원인보다 결과에 집중했다. 자꾸만 튀어나오는 아이를 다시 집어넣어 어떻게든 앉히려고 하는 데 에너지를 소비했다. 지나고 보니 한껏 응축된 용수철을 억지로 눌러뒀을 뿐, 해결책이 아니었다.

6인용 식탁 가동

결국 아이를 거실로 불러냈다. 잠자리에서는 온 가족이 함께 자는 방향으로, 공부 역시 우리 부부의 로망대로 긴 식탁에서 함께하기로 했다.

마침내 6인용 식탁의 위용이 우리 뜻대로 갖춰지기 시작했다. 하지만 거실로 나와 식탁에 앉기 시작했다고 갑자기 집중력이 좋아지고 모든 것이 완벽해진다면 이 글을 쓰지 못했을 것이다.

식탁에서 아이들과 공부를 함께해보니 장단점이 조금씩 보였다. 장점으로 우선 아이의 표정이 밝아졌다. 동시에 생각하지 못한 단점도 드러났다.

큰 식탁이 집 안의 중앙, 동선이 가장 많은 위치에 자리 잡다 보니 온 가족 구성원의 잡동사니가 자연스레 하나둘 올라갔고, 이런 것이 아이들의 집중력을 방해했다. 집중을 도와주기는커녕 아이들의 시선을 빼앗고 있었다.

또 다른 단점은 숙제를 하며 식탁에 남는 흔적이었다. 연필과 화려한 색깔의 색연필 자국은 물론이고, 지우개 가루가 식탁 위에 굴러다녔다. 식사를 해야 할 곳에 지우개 가루가 여기저기 보이자 다른 방안을 찾아야겠다는 생각이 들었다.

식탁에서 생활하고 싶었던 우리의 로망은 냉혹한 현실의 벽에 부딪혔다. 결국 조그만 좌식 책상을 벽을 보도록 붙이고 아이의 터전을 그곳으로 바꾸었다.

집중력이 드라마틱하게 올라간 것은 아니지만, 이미 바닥에 붙인 엉덩이를 일으키기가 힘들어서였을까? 앉기까지는 어려웠지만 한번 앉아 있기 시작하니 집중력이 조금씩 늘어나는 게 느껴졌다. 지금은 거실에 둘째의 책상까지 총 두 개의 책상을 놓고 학습 루틴을 키워가고 있다.

함께 가면 멀리 갈 수 있다

아빠가 어렸을 때 혼자 공부방에서 집중하기 어려웠던 경험, 첫째가 혼자 방에 머무르지 못하고 자꾸만 부모님과 동생이 있는 밖으로 나오려 한 행동의 공통점은 외로움이 아니었을까 생각한다.

일본에서 4남매를 모두 도쿄대학교 의과대학에 합격시킨 사토 료코가 큰 화제가 된 적이 있다. 자녀들의 교육 비결을 묻는 질문에 '거실에서 공부하기'를 꼽았다. 그는 "아이들은 환경으로 공부하는 것이기 때문에 공부할 때 주변에 부모 형제가 있고 따뜻한 분위기여야 공부하기 쉽다"고 말했다.

거실에 가족들이 모여 있으면 공부를 하다가도 언제든 대화할 수 있고, 도움을 주고받을 수 있다. 혼자가 아닌 환경에서 심리적인 안정감을 느껴 더욱 집중을 잘할 수 있다.

거기에 아빠가 어릴 적 독서실에서 느낀 것과 같이 누군가 지켜보고 있다는 묘한 긴장감에 더욱 집중할 수 있는 환경이 갖춰진다. 한 조사 결과에 따르면 일본의 명문대인 도쿄대학교 학생들의 75%가 어릴 적 거실에서 공부했다고 한다.

공부는 외롭다. 자기계발도 말은 좋지만 외로운 싸움이다. 새로운 좋은 습관을 들이는 것이나 나쁜 습관을 버리는 것, 모두 외로운 것이다. 그런데 이것을 혼자 하면 더 힘들고 빨리 지칠 수밖에 없다.

영국 유니버시티칼리지런던(UCL) 연구팀은 커플 3,722쌍을 대상으로 금연과 운동을 함께 진행하는 경우 성공률에 대해 연구했다. 그 결과 금연은 커플이 함께했을 때 절반가량의 참가자가 성공했지만, 배우자나 연인이 담배를 피우는 경우에는 겨우 8%만 성공했다.

운동의 경우 실험 기간 동안 함께 운동하는 커플의 60% 이상이 꾸준히 운동했지만, 파트너가 운동하지 않을 때는 성공률이 25%로 낮아졌다.

여기서 잊지 말아야 할 중요한 점이 있다. 거실에 나와서 공부한다고 해서 무조건 아이가 '함께한다' 느낄 것이라고 생각한다면 오산이다. 거실에서 공부한다는 것은 거실에서 아이들이 단지 '공부'만 하는 것을 뜻하는 것은 아니다.

온 가족이 거실에 모여서 함께 놀고, 생활하고, 대화를 주고받아야 한다. 그래야 외롭지 않고 편하고 따스한 분위기에서 책을 읽거나 공부할 수 있다. 거실에서 아이에게 공부하라고 하고 대화는 단절된 채 부모는 텔레비전이나 스마트폰만 쳐다보고 있다면, 과연 우리의 아이들이 함께 있다고 느낄 수 있을까?

너무 소심하고 까다롭게 자신의 행동을
고민하지 말라. 모든 인생은 실험이다.
더 많이 실험할수록 더 나아진다.

__랄프 왈도 에머슨

chapter 7

하루 3등분 학습 계획표

컴퍼스로 그린 원에 시간대별로 해야 할 일을 적어놓은 생활 계획표. 누구나 어릴 적 그려본 경험이 있을 것이다. 학교를 졸업하면 더 이상 그릴 일이 없을 줄 알았는데, 어른이 되어서도 시간대별 할 일 목록인 투두 리스트(To-do list)로 형식만 바뀌었을 뿐 계획표가 필요한 삶은 계속되었다.

생활 계획표나 투두 리스트를 빼곡히 적긴 했지만 미션을 모두 완수하는 경우는 손에 꼽을 정도였다. 계획대로 사는 것보다 그렇지 못한 날이 더 많았기 때문이다.

약속 하나 지키지 못하는 의지만 탓하다 보니 계획표를 보는 일이 즐겁기보다 괴로웠다. 아이러니한 것은 한 해가 지나면 또다시 똑같은 내용의 생활 계획표를 그리고 있다는 것이다.

계획대로 되는 날보다 그렇지 않은 날이 더 많았다. 그게 인생이라는 것을 알게 되자 엄마는 생활 계획표 그리기를 포기하게 되었다. 아이에게도 방학 때만 되면 주어지는 과제인 생활 계획표 그리기를 강요하지 않았다. 그 대신, 헐렁해 보여도 지킬 확률이 거의 100%인, 그래서 보고 있는 것만으로 행복한 계획표를 고민했다. 그 결과물이 하루 3등분 계획표였다.

하루 24시간이 모두 같은 리듬과 속도로 움직이는 건 아니다. 저마다 시간대별로 각자 다른 성격을 지니고 있다. 새벽 기상을 하면서 부모는 시간대별 성질이 다르다는 것을 경험하게 되었다.

새벽과 아침으로 이어지는 시간은 하루가 시작되면서 몸이 깨어나는 시간이었다. 어떤 시간보다 명상과 독서, 글쓰기 등 자신을 돌아보거나 운동을 하며 자신을 단련하기에 적합했다.

이 시간대에는 나에게 가장 중요한 일, 꾸준히 할 수 있는 일을 배치하면 성취도가 올라갔다. 그렇게 뭔가를 이뤄내며 시작했다는 성취감으로 하루를 시작하면서 업무를 대하는 자세에도 변화가 생겼다.

오전 업무를 마치고 점심을 먹은 후 오후 시간은 조금 나른한 상태로 매일 반복되는 업무를 하기 좋았다. 하루 업무를 마치고 집으로 돌아가는 저녁 시간은 몸이 피곤하고 정신적으로 휴식이 필요한 시간이다. 누구나 그렇듯이 소파에 널브러져 텔레비전을 보거나 가벼운 책을 읽기에 좋다.

미묘하게 다른 시간대별 성격을 아이의 일과에도 적용해보았다. 아침에는 가장 중요한 일을 하고, 오후에는 반복이 필요한 일, 저녁에는 조금 널브러져서 정신적으로 휴식할 수 있는 일을 배치했다.

물론 부모의 가이드가 중요하게 작용했지만, 이 3등분 계획표는 오랫동안 아이를 관찰하며 터득한 시행착오의 결과물이었다. 컨디션 따위는 고려하지 않은 채 졸린 아이를 붙들고 계산 문제를 풀라고 했던 것에 비하면 진일보한 발전이었다.

긍룡 가족 하루 3등분 계획표

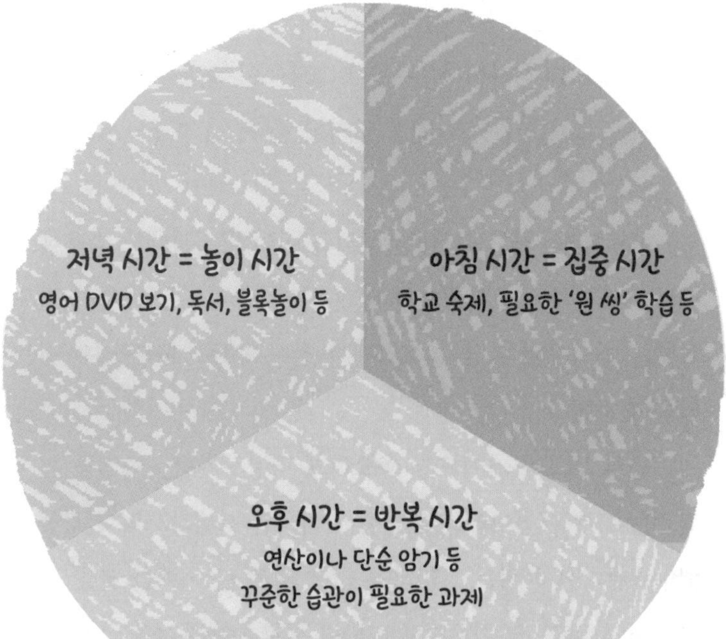

저녁 시간 = 놀이 시간

영어 DVD 보기, 독서, 블록놀이 등

아침 시간 = 집중 시간

학교 숙제, 필요한 '원 씽' 학습 등

오후 시간 = 반복 시간

연산이나 단순 암기 등
꾸준한 습관이 필요한 과제

3등분 계획표를 구체적으로 살펴보면, 아침에는 신문을 읽고 나서 학습적인 부분에서 가장 중요한 일을 하고자 했다. 그렇다면 우선순위는 무엇이 되어야 할까? 앞서 언급했듯이 우리는 가장 중요한 1순위를 학교 숙제에 두었다.

2순위는 아이에게 필요한 학습에 두었다. 학기별로 '원씽'을 정해 부족한 과목을 보충할 수 있는 방법을 정했다. 아이에게 다양한 문제를 접하고 문제를 이해하는 능력을 키우기 위해 이번 학기에는 매일 한 장씩 국어 문제를 풀거나, 서술형 문제에 초점이 맞춰진 수학 문제집을 푸는 식이다.

부모가 일을 하기 때문에 아이는 방과 후 오후 시간에 돌봄 교실에서 지냈다. 하루 2시간가량 지내는 돌봄 교실에서는 매일 꼬박꼬박 할 수 있는 문제집을 푸는 시간이 주어졌다. 이때는 연산이나 단어 암기 같은 매일 꾸준히 해야 습관으로 정착되는 과제를 하기에 가장 좋은 시간이라고 생각했다.

단순한 수학 연산 문제를 매일 세 장씩 풀고 나서, 한자와 영어 단어 등을 외울 수 있게 했다. 처음에는 몸에 배이지 않아 잊어버리고 온 적도 있었지만, 어느 순간부터 매일 하는 걸 당연한 습관처럼 여기는 것 같았다.

하루의 공식적인 일과(학교 수업이나 돌봄 교실)가 끝나고 놀이터에서 친구들과 재미있게 놀고 온 아이에게는 저녁을 먹고 잠들기까지 약 3시간이 주어졌다. 이때는 아이가 평소 하고 싶었던 일, 블록 놀이나 영어 영상보기, 책 읽기 등 하고 싶은 것을 하도록 내버려 뒀다. 자기 전 양치를 한 후 아이는 앞서 언급했던 대로 영어책을 들으며 읽기(청독)나 영어책 듣고 따라 하기(연따)를 매일 최소 10분에서 20분 정도 하고, 읽고 싶은 책을 읽은 후 잠들었다.

아이가 책상에 앉아 있는 시간을 허투루 쓰고 싶지 않은 게 부모 마음이다. 처음에는 앉아서 공부하는 것만으로 기특했는데 서서히 이것저것 하고 싶은 욕심이 생겼다. 이 기세를 받아서 더 시킬 것이냐, 말 것이냐. 정답은 없지만 오래, 꾸준히 3등분 계획표를 지킬 수 있는 방법은 하나뿐이다. 부모의 욕심을 절반만 덜어내면 된다.

느슨하더라도 아이가 3등분 계획표에 따라 꼭 해야 할 일을 해나가고 있다면 부모는 아이의 작은 성공 경험을 응원하며 지켜봐주는 따듯한 무관심을 발휘해야 한다.

달력은 열정적인 이들이 아니라

신중한 이들을 위한 것이다.

__척 사이거스

chapter 8

아이에게 물려주고 싶은 3가지 습관

지금까지 소개한 우리 가족만의 잠들기부터 아침에 일어나 이뤄지는 루틴, 그리고 그것을 지속할 수 있도록 시스템을 보완하는 모든 일은 종결된 게 아니라 현재진행형인 일들이다. 어떤 면에서는 스스로도 부족하다 느끼지만 주어진 여건 속에서 조금씩 발전해가는 모습을 볼 때면 나름의 기쁨도 얻는다.

세상 모든 일이 그렇듯이, 지금 잘하고 있는 것에 집중하는 게 중요하지만, 자식을 바라보는 부모의 마음은 그렇지만은 않다. 늘 부족하다고 느껴지고, 무엇이라도 더 하게 하고 싶고,

하던 것도 더 잘하게 하고 싶은 욕심이 생기는 것은 어쩔 수 없는 일이다.

현재 우리 가족이 꾸준히 수행하는 루틴 말고도 아이에게 더 물려주고 싶은 습관과 루틴에 대해 정리해봤다. 가정마다 상황이 다르고, 느끼는 중요성이 다르기에 이것만이 정답이며 옳다고 이야기하는 것은 아니다. 자녀들이 지니면 좋을 습관을 소개하고 그것을 내 것으로 만들기 위한 노력을 공유하고 생각해보는 기회를 갖기 위함이다.

회복탄력성을 키워주는 '운동'

운동은 신체적 건강은 물론, 긍정적인 마인드도 심어줄 수 있다. 앞에서 잠깐 언급했던 역경을 극복하는 힘인 회복탄력성을 키우는 방법 중 하나가 운동하기다. 그뿐 아니라 아침에 일어나 하는 가벼운 운동 하나가 하루의 질을 결정함을 경험으로 알고 있다.

새벽에 일찍 일어나 하루를 먼저 시작하게 된 아빠도 기상 시간을 당기면서 동네 한 바퀴를 달리기 시작했다. 미라클 모닝을 처음 시작하게 된 엄마도 새벽에 등산을 하면서 몸이 달라지는 것을 느꼈다. 그리고 그것이 인생을 바꾸는 전환점이 되었다. 이렇듯 운동으로 하루를 시작하면 건강은 기본이고 그날의 기분까지 상쾌하고, 무슨 일이든 할 수 있을 것 같은 자신감도 생겨난다.

또래에 비해 키와 체구가 작은 우리 아이들에게 운동이 필요하다는 생각을 했기 때문에 우리 가족도 아이들에게 아침에 일어나자마자 함께 운동하는 것에 도전해보았다.

단 평일에는 부모의 출근과 아이들의 등원으로 시간이 부족하여 처음에는 주말에만 시도했다. 달리기나 산행 등 큰 도전으로 시작하면 실패할 것이 뻔했기에 가볍게 동네 산책으로 제안했다. 산책 코스도 아이들에게 직접 짜도록 자율성을 주었고, 아침에 산책하면 주말에 게임을 조금 더 오래 할 수 있는 당근도 던져주었다.

시작은 순조로웠다. 토요일 아침 7시경에 일어난 큰아이는 아빠와 함께 스스로 짠 산책 코스로 신나게 뛰어다녔다(작은아이는 꿈나라를 산책). 오히려 의욕이 너무 앞서 멀리 산책을 하러 나가 아빠가 피곤할 정도였다. 결국 '아침 산책은 피곤한 것'이라는 기억이 큰아이의 머릿속에 자리 잡았는지, 두세 번 산책을 하고는 더 이상 나가고 싶지 않다고 했다.

때마침 날씨도 더워지기 시작했고, 장맛비가 내리면서 아침 운동은 자연스레 우리의 루틴에서 사라졌다. 한번 루틴에서 제외되니 서서히 뜨거워지는 물속의 개구리처럼 현재에 안주하였다. 다시 나가기 좋은 가을이 되어도 나갈 생각을 하지 못했다. 짧은 가을이 지나고 날씨가 추워져서 다시 나가기 힘들게 되자 좋은 시절을 놓친 것을 뒤늦게 후회하기도 했다.

지금은 우리 가족의 생활 패턴과 적절한 보상을 고려하여 새로운 운동 루틴에 대해 고민 중이다. 사람의 뇌는 갑작스러운 변화를 싫어한다. 그렇기에 이사나 새 학년 진학 등 아이도 충분히 받아들일 만한 환경의 변화가 있을 때 묻어가듯이 새 루틴을 시도해보면 비교적 거부감 없이 시작할 수 있지 않을까 생각한다.

그 기회에 적절한 루틴을 시작하려면 평소에 아이들이 좋아할 만한 것, 싫어하는 것을 잘 파악하여 미리 준비해두는 것이 중요하다.

모든 대화의 시작 '인사하기'

'인사는 당신을 인정한다는 사인(sign)'이라는 말이 있다. 심리학자 매슬로의 인간 욕구 5단계 가운데 4번째가 인정과 존경에 관한 것이다. 우리가 늘 사용하는 소셜네트워크서비스(SNS)가 바로 이런 욕구를 자극한다.

이 세상은 타인의 도움 없이 혼자 살아갈 수 없다. 우리도 모르게 서로 도움을 주고받으며 살아가고 있다. 그런 세상에서 다른 사람들의 마음을 얻을 수만 있다면 그보다 더 좋은 것이 있을까?

남들로부터 인정받고 싶다면 먼저 대접하라는 격언이 있다. 다른 사람에게 인정받고, 다른 사람들의 도움을 받으며 살아가려면 내가 먼저 그들을 인정해주고 대접해주어야 한다.

그것을 가장 간단하게 시작해주는 것이 무엇일까? 인사가 그 시작점일 수 있다. 자녀들과 인사하는 습관을 들여보자.

우리 아이들은 어렸을 때 인사를 잘했다. 성장할수록 부끄러움 때문인지 친한 가족들이나 자주 보는 사람이 아니면 좀처럼 인사하는 경우를 보기가 힘들다.

아이들의 이러한 행동이 어떤 의미를 갖는지 정확하게 알

순 없지만 커가면서 겪을 수밖에 없는 과정이라고 생각한다. 다만 중요한 건 이대로 방치하느냐, 다시 잘할 수 있도록 북돋아 주느냐가 아닐까 생각한다.

엘리베이터나 길거리에서 어른들을 보면 인사를 하지 않는 아이들에게 "인사해야지?"라는 말을 많이 했다. 어색한 아이들은 인사를 기피하고 결국 엘리베이터에서 내렸다. 그러면 왜 인사하지 않았느냐고 묻곤 했다. 이런 행동이 오히려 아이들에게 부담이 되었을 수 있다는 생각이 들었다.

우리 부부 역시 내성적인 편이라 처음 만나는 사람에게 먼저 다가가기 어려워한다. 특히 인사하기 애매한 상황이 되면 머뭇거린 적이 많다. 아이에게 인사하라고 말할 자격이 있는지 돌아보게 되었고, 언제부턴가 먼저 인사하기로 했다.

엘리베이터, 마트, 버스에서 먼저 인사를 하자. 아이가 충분히 볼 수 있도록 말이다. 마치 그것이 당당하고 자연스러운 일처럼 보인다면 어느 순간 인사 잠재력을 뿜어낼 것이다.

- 스스로 할 수 있을 때까지 독려하면서 기다려주기
- 조금이라도 용기를 내는 것을 보면 폭풍 칭찬해주기
- 인사를 미처 하지 않았더라도 절대 질책하지 않고 "익숙

하지 않아서 그러니 다음에 조금만 더 노력해보자"라는 말로 다독여주기

이것이 지금 우리 부부가 할 수 있는 방법이다.

자기계발의 출발 '돈 관리'

요즘 부모들은 아이들의 경제 교육, 돈 공부에 관심이 많다. 지난 몇 년간 부동산, 주식 등 자산 시장의 상승으로 많은 부모가 증여하거나 자녀 명의로 주식을 사는 등 활발하게 경제 활동에 참여했다.

우리도 그 흐름에 탔고 주변에서도 어렵지 않게 우리와 비슷한 사람들을 발견할 수 있었다. 우리도 부모님으로부터 물려받은 절약 습관뿐만 아니라, 자산과 돈의 생리에 대해 이른 나이에 알려주고 싶었다.

돈이 인생의 목표가 될 순 없지만, 돈이 없다면 원하는 꿈을 이루지 못할 수 있다. 능력과 지위가 있어도 돈을 다루는 습관이 바르지 못한 탓에 수입보다 지출이 많아 생활고에 시달릴 수 있다. 필요하지 않은 것이나 과시하기 위한 것에 소비하여

힘들게 모은 재산을 날리는 경우도 많이 보았다.

아이들에게도 용돈을 주고 스스로 관리하도록 유도하고자 마음은 먹고 있었는데 막상 시작하려고 하니 어디서부터 어떻게 해야 할지 막막했다. 그러다가 첫째가 3학년이 되어서야 본격적으로 용돈을 주면서 용돈 기입장을 기록하기 시작했다.

용돈을 주기 시작할 때 가장 큰 고민은 '과연 얼마가 적당한가'였다. 2019년 한 은행에서 발행한 보고서에 따르면 초등학교 3학년 이하의 저학년에게 평균 월 2만 원, 4학년 이상의 고학년은 월 3만 원을 받는다. 이 자료를 바탕으로 고민 끝에 일주일에 1만 원을 주기로 결정했다. 그중 30%는 아이에게 주지 않고 별도로 적립했다가 아이 이름으로 월 단위나 연 단위로 기부하기로 했다.

3학년부터 용돈을 받기 시작한 첫째는 악착같은 정도는 아니지만 부모가 봤을 때 꽤 잘 모으는 듯하다. 지출해야 할 돈에 대해서도 얼마인지 확인하고, 비싸면 고민하는 모습을 보이다가 쓰지 않기로 결정한다. 하지만 1,000원 이하의 작은 돈이면 별 고민 없이 쓰는 경향이 있는데, 이것이 누적되어 손해를 보는 경험을 해봐야 작은 돈의 소중함도 느낄 수 있을 것이다.

여기서 중요한 것은 용돈을 쥐여주었다면, 돈을 사용하는

데 있어 부모는 철저히 관찰만 하는 것이 좋다. 자녀가 어떤 고민을 하는지 잘 지켜보았다가 일주일에 한 번 용돈 기입장을 기록할 때 지난 지출을 돌아보며 생각하는 시간을 통해 스스로 깨우칠 수 있도록 도와줘야 한다. 용돈 기입장과 가계부는 그런 의미에서 지출에 대한 반성문과 같은 것이다.

용돈을 직접 관리하기 아직 어린 아이들이라면 경제 교육에 좋은 책을 읽어주는 것도 방법이다. 최근의 흐름을 반영하듯 아이들의 경제 교육에 관한 책들이 서점에 많이 나와 있다.

경제 서적이 아니더라도 얼마든지 좋은 책이 많다. 전래동화 《볍씨 한 톨》에서는 종잣돈이나 작은 돈의 소중함을 배울 수 있고, 《며느리 뽑는 시험》은 유한한 시간과 자원을 어떻게 관리하고 투자해야 하는지 등을 배울 수 있다. 《반전 동화 놀부전》(우리가 익히 알고 있는 고전이나 전래동화를 반대 입장에서 풀어내는 동화로 흥부전의 반전 이야기라서 놀부전이다) 역시 돈은 그냥 하늘에서 떨어지는 것이 아니라 노력해야 벌 수 있다는 점을 강조한다.

이런 책들을 읽어주며 등장인물의 선택이 어떠했는지 질문을 통해 생각을 유도하고, 아이들의 상상력을 자극해준다면 경제 관념과 함께 생각의 힘까지 길러줄 수 있다.

오늘 누군가가 그늘에 앉아 쉴 수 있는
이유는 오래전에 누군가
나무를 심었기 때문이다.

_워런 버핏

이웃집 미라클 모닝 이야기

'아침 1시간 공부'로 함께 성장하는 가족

영어 강사이자 두 남매의 엄마인 정민영 씨는 3년 가까이 새벽 4시 일어나 명상, 운동, 독서와 공부 등으로 채워진 루틴을 꾸준히 실천하고 있다.

엄마의 꾸준한 새벽 기상을 지켜보던 아이들도 자연스럽게 미라클 모닝에 동참했다. 아이들은 스스로 일찍 일어나 1시간 공부와 독서를 하는 '루틴'을 해나가고 있다.

네 식구는 거실에 모여 따로 또 같이 각자 할 일을 하고 있다. 매일 저녁을 먹고 난 후 가족끼리 하루 동안 감사한 점을 나누는 것도 습관이 되었다.

Q. 엄마가 일찍 일어나게 된 계기가 궁금합니다.

"어른이 되면 흘러가는 대로 살아도 경제적인 여유가 생길 줄 알았어요. 적어도 아이들을 해외로 유학 보낼 만큼은 되겠다라고 막연히 생각했죠. 가정을 꾸리고 보니 그게 아니더군요. 내가 생각했던 삶을 살기 위해서는 변화가 필요했어요. 그러다 부자들의 공통점 가운데 하나가 새벽에 일어나 책을 읽는다라는 것을 알게 됐어요. 나에게도 필요한 행동이라고 생각했죠."

Q. 꾸준히 할 수 있는 비결이 무엇일까요?

"뭔가를 꾸준하게 하는 성격은 아니에요. 그저 아무도 깨어 있지 않은 시간에 나만의 공간에서 오직 나에게만 몰입하는 게 좋았어요. 이 시간을 지속적으로 활용하면 뭐든지 할 수 있을 것 같은 자신감이 들었어요. 그런 경험이 쌓이다 보니 꾸준히 하게 된 겁니다."

Q. 새벽 기상을 지치지 않고 지속할 수 있는 팁이 있을까요?

“웬만하면 밤 9시 전에 자려고 해요. 늦어도 9시 반을 넘기지 않죠. 일찍 일어나서 오후 내내 졸리고 피곤하다면 ‘커피 냅(coffee nap)’을 추천합니다. 체내에 흡수된 카페인은 각성 효과가 나타나기까지 15분 정도 걸린다고 하는데요. 커피를 마시고 바로 잠들면 카페인의 영향을 받지 않고 푹 잘 수 있다고 해요. 깨어난 후에는 카페인의 각성 효과가 시작되니 집중력도 생기고요.”

Q. 아이들은 어떻게 일찍 일어나게 되었나요?

“첫째가 2학년 겨울 방학부터 아침에 일어나 공부했어요. 전에는 한 번도 공부를 시켜야겠다는 생각을 하지 않았는데, 자기계발에 관심이 많다 보니 아이도 자기 인생에서 발전하는 모습을 경험하면 좋겠다고 생각했어요. 아이가 성장하는 모습을 지켜보는 것 또한 큰 기쁨이잖아요. 하루 1시간이라도 짧게 해보자, 그렇게 시작했죠.”

Q. 구체적으로 이른 기상 후 무엇을 하나요?

"아이들이 어릴 적부터 취침 시간이 밤 9시를 넘기지 않았어요. 6시 반이 되면 첫째가 스스로 맞춰놓은 알람 소리에 일어나 1시간씩 공부합니다. 영어 집중 듣기, 수학 문제집 풀기, 〈어린이 과학동아〉 기사를 읽고 한 줄 찾아 질문하기. 어쩔 때는 플랭크 운동을 하기도 하고요. 둘째는 전날 못한 숙제를 하거나 책을 읽어요. 아이들은 아침 공부 1시간, 오후에는 복습과 예습을 합니다. 저녁에는 공부하지 않고 밥을 먹은 후 가족과 함께 감사한 점을 얘기하는 시간을 갖습니다."

Q. 엄마는 아이의 아침 공부에 얼마나 개입하는지요?

"저는 그저 옆에서 코칭할 뿐 가르치는 건 없어요. 가르치기보다 습관을 만들고 경험을 할 수 있게 옆에서 도와주고 있어요. 다만 아이가 어떤 부분을 보충해야 하는지 어려워해서 개념서나 참고서를 찾아주고 있습니다."

Q. 아이들이 일찍 일어나는 데 힘들어하지 않나요?

"일찍 일어나서 피곤해하면 더 자라고 할 때도 있어요. 대부분 그냥 나와서 스스로 하기로 한 공부를 하더라고요. 아이가 말하기를 습관이 된 것 같다며 스스로 뿌듯해했어요. 그런데 피곤해서 더 자고 싶어 하면 절대로 먼저 깨우지 않습니다."

Q. 아이 스스로 보상 시스템도 만들었다고 들었습니다.

"공부한 날과 하지 않은 날을 아이 스스로 체크해요. 하루에 아침 공부 1시간, 오후 공부 1시간을 하는데 그것을 할 때마다 얼마씩 주는 방식이죠. 만약 한 달간 30일을 다 했다면 10%의 가산금을 붙이기로 했어요. 그걸 모아서 아이는 컴퓨터를 산다고 합니다. 내적 동기도 중요하지만 외적 보상을 통한 동기부여도 필요하다고 생각해요."

Q. 아이와의 미라클 모닝을 통해 엄마가 바뀐 점이 있다면 무엇일까요?

"나뿐만 아니라 아이의 자기계발에도 관심이 생겼어요. 도서관에 갈 때마다 보도 셰퍼의 《열두 살에 부자가 된 키라》 같은 경제 입문서나 감정 코칭 관련 자기계발서를 빌려다 읽기도 합니다."

아이에게 필요한 것

부모님을 생각하면 유독 잊히지 않는 드라마 〈눈이 부시게〉의 한 장면이 있다.

엄마는 아이가 자라는 내내 곁을 주지 않았다. 어릴 적 사고로 다리 한쪽을 다친 아들을 강하게 키워야 한다는 생각뿐이었다. 택시 기사로 생계를 꾸리던 아들은 어느덧 중년이 되었다. 눈이 많이 내리던 어느 날 새벽, 좁은 골목길에서 아들은 치매에 걸린 노모가 눈을 쓰는 것을 보게 된다.

그제야 깨달았다. 왜 눈이 많이 오던 날 골목길의 눈이 말

끔히 치워져 있었는지 말이다. 행여 다리가 불편한 아들이 눈길에 미끄러지지 않을까, 엄마는 평생 이른 새벽 골목길로 나가 눈길을 쓸었다.

아이를 낳고 키우다 보니, 우리 부모님의 마음이 이런 게 아니었을까 싶다. 혹시라도 우리 아이가 어디 가서 다치진 않을까, 어깨 펴지 못한 채 기죽지 않을까…. 그러면서 걱정되는 마음을 숨기려 강한 척했던 부모님 모습 말이다.

부모가 된 지 10년이 되니 이제 겨우 하나를 알 것 같다. 다른 건 몰라도 아이를 잘 키우는 방법은 그저 믿고 지켜봐주는 것이다. 감시와 걱정의 눈초리를 거두고 존재 자체에 사랑과 관심을 표현해주는 것이다.

절박하고 우연한 기회로 시작한 부모의 미라클 모닝은 드라마 속 엄마가 눈길을 쓰는 일과 같았다. 아이들이 눈길에서 미끄러지지 않도록 '보이지 않는 손'이 되어주는 것이었다. 아이들이 주도적인 삶을 개척해나갈 수 있도록 믿고 기다리기 위해 부모가 할 수 있는 유일한 일이기도 했다. 어떤 역경에도 바위처럼 버틸 수 있는 습관의 힘을 가르쳐주고 싶었다. 이를 위해 우리가 택한 방식은 백 마디 말보다 행동이었다.

훗날 아이들이 어른이 되었을 때 부모가 일찍 일어나 삶을 가꾸는 것이 자신들을 위해 눈길을 쓰는 일이었음을 알게 되길 바란다.

평생 우리의 '보이지 않는 손'이 되어준 부모님, 늘 긍정과 용기를 품고 사는 율과 은 '긍룡이'들, 미라클 모닝을 경험하게 해준 작가 할 엘로드와 출판사 한빛비즈에게 감사드린다.